"十三五"国家重点图书出版规划项目

中国特色畜禽遗传资源保护与利用丛书

中国草原红牛

赵玉民　张国梁　吴　健　主编

中国农业出版社

北　京

丛书编委会

本书编写人员

主　编　赵玉民　张国梁　吴　健

副主编　秦立红　于洪春　胡成华　刘基伟　王　蕾　刘庆雨

参　编　（按姓氏笔画排序）

王　成　王志刚　王国华　巴力吉尼玛　田贵斌　包海虎　朱　宏　朱永超　朱继新　刘春明　刘洪信　闫　忠　安红雨　孙华军　孙守贵　孙桂琴　张绍斌　李　辉　李志明　李连华　李镰西　杨淑梅　吴长庆　佟元贵　张海波　岳洪江　孟凡文　胡友明　胡春喜　侯云昌　曹秋实　彭宇年　廉　国　廉翔宇　霍长虹　霍长宽

审　稿　张胜利

出版说明

我国是世界上畜禽遗传资源最为丰富的国家之一。多样化的地理生态环境、长期的自然选择和人工选育，造就了众多体型外貌各异、经济性状各具特色的畜禽遗传资源。入选《中国畜禽遗传资源志》的地方畜禽品种达 500 多个、自主培育品种达 100 多个，保护、利用好我国畜禽遗传资源是一项宏伟的事业。

国以农为本，农以种为先。习近平总书记高度重视种业的安全与发展问题，曾在多个场合反复强调，“要下决心把民族种业搞上去，抓紧培育具有自主知识产权的优良品种，从源头上保障国家粮食安全”。近年来，我国畜禽遗传资源保护与利用工作加快推进，成效斐然：完成了新中国成立以来第二次全国畜禽遗传资源调查；颁布实施了《中华人民共和国畜牧法》及配套规章；发布了国家级、省级畜禽遗传资源保护名录；资源保护条件能力建设不断提升，支持建设了一大批保种场、保护区和基因库；种质创制推陈出新，培育出一批生产性能优越、市场广泛认可的畜禽新品种和配套系，取得了显著的经济效益和社会效益，为畜牧业发展和农牧民脱贫增收作出了重要贡献。然而，目前我国系统、全面地介绍单一地方畜禽遗传资源的出版物极少，这与我国作为世界畜禽遗传资源大国的地位极不相称，不利于优良地方畜禽遗传资源的合理保护和科学开发利用，也不利于加快推进现代畜禽种业建设。

为普及对畜禽遗传资源保护与开发利用的技术指导，助力做大做强优势特色畜牧产业，抢占种质科技的战略制高点，在农业农村部种业管理司领导下，由全国畜牧总站策划、中国农业出版社出版了这套“中国特色畜禽遗传资源保护与利用丛书”。该丛书立足于全国畜禽遗传资源保护与利用工作的宏观布局，组织以国家畜禽遗传资源委员会专家、各地方畜禽品种保护与利用从业专家为主体的作者队伍，以每个畜禽品种作为独立分册，收集汇编了各品种在管、产、学、研、用等相关行业中积累形成的数据和资料，集中展现了畜禽遗传资源领域最新的科技知识、实践经验、技术进展与成果。该丛书覆盖面广、内容丰富、权威性高、实用性强，既可为加强畜禽遗传资源保护、促进资源开发利用、制定产业发展相关规划等提供科学依据，也可作为广大畜牧从业者、科研教学工作者的作业指导书和参考工具书，学术与实用价值兼备。

丛书编委会

2019 年 12 月

序言

我国是世界畜禽遗传资源大国，具有数量众多、各具特色的畜禽遗传资源。这些丰富的畜禽遗传资源是畜禽育种事业和畜牧业持续健康发展的物质基础，是国家食物安全和经济产业安全的重要保障。

随着经济社会的发展，人们对畜禽遗传资源认识的深入，特色畜禽遗传资源的保护与开发利用日益受到国家重视和全社会关注。切实做好畜禽遗传资源保护与利用，进一步发挥我国特色畜禽遗传资源在育种事业和畜牧业生产中的作用，还需要科学系统的技术支持。

“中国特色畜禽遗传资源保护与利用丛书”是一套系统总结、翔实阐述我国优良畜禽遗传资源的科技著作。丛书选取一批特性突出、研究深入、开发成效明显、对促进地方经济发展意义重大的地方畜禽品种和自主培育品种，以每个品种作为独立分册，系统全面地介绍了品种的历史渊源、特征特性、保种选育、营养需要、饲养管理、疫病防治、利用开发、品牌建设等内容，有些品种还附录了相关标准与技术规范、产业化开发模式等资料。丛书可为大专院校、科研单位和畜牧从业者提供有益学习和参考，对于进一步加强畜禽遗传资源保护，促进资源可持续利用，加快现代畜禽种业建设，助力特色畜牧业发展等都具有重要价值。

中国科学院院士
中国农业大学教授 吴常信

2019 年 12 月

前言

我国地方黄牛遗传资源丰富，具有重要的保护和开发利用价值。中国草原红牛是由吉林省农业科学院牵头，联合内蒙古、河北、辽宁四省（自治区）相关科研机构和企业单位共同协作，以引进的乳肉兼用型短角公牛与蒙古母牛杂交，经系统选择和培育，在以放牧饲养为主的条件下育成的兼用型新品种。1985 年通过农牧渔业部验收，正式命名为“中国草原红牛”。品种育成后，主要在吉林省、辽宁省、河北省以及内蒙古自治区东部地区推广，吉林省逐渐成为中国草原红牛的育种核心区域，内蒙古东部地区、河北省以及辽宁省成为推广区。

为了让中国草原红牛这个优良地方品种更好地应用于实际生产，在畜牧业中发挥更大的作用，根据“中国特色畜禽遗传资源保护与利用丛书”出版要求，本书编写组整合几十年的育种资料，同时开展深入实地调研和文献资料收集，根据实际生产现状，针对存在的突出问题，结合现代养殖业理论与技术的应用，对中国草原红牛进行了全面系统的介绍，内容力求体现科学性、实用性和可操作性。

本书编写人员由长期从事中国草原红牛育种工作研究的

一线科研人员与地方技术推广人员组成，具有较扎实的理论基础和丰富的实践经验。吉林省农业科学院与中国草原红牛养殖企业及农户建立了长期的合作关系，共同开展相关研究和产业开发工作，为本书的编写奠定了坚实的基础。希望通过本书的编写出版，为保护和利用地方黄牛种质创新提供素材和依据，促进地方特色产业可持续发展。

编　者

2019年6月

目录

第一章 品种起源与形成过程

20 世纪 20 年代，我国北部的吉林省、辽宁省、河北省和内蒙古自治区东部地区饲草资源丰富，长期放牧饲养大量的蒙古牛。该品种牛适应性强、耐粗饲，但其体型小、毛色混杂，生长发育慢，生产性能低，不适应社会发展需要。为了提高其生产能力，公主岭市农事试验场、昭乌达盟畜牧兽医研究所、翁牛特旗海金山种牛场、赤峰畜牧兽医研究所和内蒙古农牧学院等多家单位先后开展了利用引进的短角牛改良蒙古牛的研究。

1973 年，农林部科教局组织吉林、内蒙古、河北与辽宁 4 省、自治区（当时赤峰市归辽宁省管理，现划归内蒙古自治区管理，现为三省区）有关单位成立“草原红牛育种协作组”，由吉林省任组长，共同制订了《草原红牛育种协作办法》《草原红牛育种试行方案》《草原红牛鉴定试行办法》《草原红牛育种工作若干技术方法》等技术文件，共同开展草原红牛品种培育。

1984 年，吉林省育成“吉林草原红牛”，存栏 3 万头，基础母牛 0.8 万头，主要分布在白城、通榆、镇赉、大安、洮安、长岭、乾安等县的国有、乡村集体养牛场以及养牛专业户。同年 9 月，“内蒙古草原红牛”育成，存栏 1.6 万头，基础母牛 0.75 万头；主要分布在赤峰市、锡林郭勒盟南部地区和昭乌达盟广大牧区的社队及国有牧场。

1985 年，农牧渔业部畜牧局组织专家鉴定验收，并定名为中国草原红牛。

这是吉林、河北、内蒙古的广大牧民和畜牧工作者，经过 30 年的育种工作而获得的科研成果。

第一节　产区自然生态条件

中国草原红牛主要分布于吉林省白城地区的通榆、镇赉、大安、洮安、乾安、长岭等县，内蒙古自治区的昭乌达盟、锡林郭勒盟、乌兰察布市、鄂尔多斯市和巴彦淖尔市以及河北省张家口地区的沽源和张北等县。三个省、自治区自然生态条件既有相似之处，又各不相同。

一、吉林产区自然生态条件

吉林省的中国草原红牛主要分布在白城地区，位于吉林省西北部，嫩江平原西部，科尔沁草原东部，属于半农半牧区与草原地区的结合部。气候属温带大陆性季风气候，除盛夏短时间内受海洋季风影响外，全年绝大部分时间降水来自西风带，特殊的地理环境形成了本地“光照充足，降水变率大，旱多涝少”的气候特点。冬长夏短，降水集中在夏季，雨热同期，春季干燥多风，十年九旱；夏季炎热多雨；秋季温和凉爽且短暂；冬季干冷，雨雪较少。年平均降水量为399.9 mm，其中作物生长季5—9月降水量为355.6 mm，占全年降水量的88%，部分满足作物的水分需求；热量资源丰富，年平均气温5.2℃，无霜期144 d。该区域内草原辽阔，可利用草场面积91.05万 hm^2，人均0.56 hm^2，年产草40万t。主要生长羊草和耐碱性的禾本科牧草，以及菊科、藜科杂类草，豆科牧草很少。农作物以玉米、谷子、绿豆、向日葵为主。

通榆县是吉林省中国草原红牛的育种核心区。总面积为8 476 km^2，地势平坦，西北高东南低，海拔差仅40 m，平均海拔160 m。地面多由波状起伏的沙丘组成，其土壤共分为7个土类，以黑钙土、风沙土和碱土为主，约占89%。境内第四系松散堆积物薄者几十米，厚者达百米以上。通榆县属中温带半干旱、大陆性季风气候，年主导风向为西风。年平均气温为6.6℃，极端最低气温−25.9℃，极端最高气温40.5℃，降水量407.6 mm，无霜期148 d，最大冻土深度125 cm。2015年，全县耕地面积20.1万 hm^2，平均每个农业人口占有耕地0.82 hm^2，人均居吉林省第一位。耕地亩产副产物200 kg，其中40%可用于畜牧业，为2.85亿kg。草原面积28.74万 hm^2，平均每个农业人口占有草原1.09 hm^2，位居吉林省第一位。其中，退耕还草2.21万 hm^2，草原工程围栏101万延长米，草原围栏面积5.66万 hm^2。亩产干草50 kg，每年可产草 2.55 亿 kg；总计可以饲喂牲畜为 5.4 亿 kg。境内有霍林河、额木太河和文牛格尺河 3 条河流。境内河叉纵横，泡沼棋布，水域总面积 9 305.63 hm^2，水资源总容量 3.53 亿 m^3。

在培育草原红牛过程中，根据当地的自然条件特点，采取了以放牧饲养为主的养殖方式。

二、内蒙古产区自然生态条件

内蒙古自治区的昭乌达盟、锡林郭勒盟、乌兰察布市、鄂尔多斯市和巴彦淖尔市是中国草原红牛分布的主要区域。该区域以温带大陆性季风气候为主，降水量少而不均，风大，寒暑变化剧烈。大兴安岭北段地区属于寒温带大陆性季风气候，巴彦浩特—海勃湾—巴彦高勒以西地区属于温带大陆性气候。总的特点是春季气温骤升，多大风天气；夏季短促而炎热，降水集中；秋季气温剧降，霜冻往往早来，冬季漫长严寒，多寒潮天气。

全年太阳辐射量从东北向西南递增，降水量由东北向西南递减。年平均气温为 0～8℃，气温年差平均在 34～36℃，日差平均为 12～16℃。年总降水量 50～450 mm，东北降水多，向西部递减。东部的鄂伦春自治旗降水量达 486 mm，西部的阿拉善高原年降水量少于 50 mm，额济纳旗为 37 mm。蒸发量大部分地区都高于 120 mm，大兴安岭山地年蒸发量少于 1 200 mm，巴彦淖尔高原地区达 3 200 mm 以上。

锡林郭勒草原属内蒙古高原的一部分，地形比较平坦、开阔，可利用优质天然草场面积 18 万 km^2。海拔在 800～1 200 m，寒冷、干旱，年平均气温 1～2℃，无霜期 90～120 d。年降水量从西北向东南为 150～400 mm，属中温带半干旱、干旱大陆性季风气候。锡林郭勒盟四季分明，春季气温回升迅速，风多、风大、雨量少。夏季雨量变化较大；秋季天气凉爽，天气晴朗风力不大，气候相对稳定；冬季漫长严寒，总降雪量一般在 10～20 cm。

三、河北产区自然生态条件

张家口市的沽源县和张北县是中国草原红牛在河北省的主要分布地区。

张家口市东靠河北省承德市，东南毗连北京市，南邻河北省保定市，西、西南与山西省接壤，北、西北与内蒙古自治区交界，张家口市南北长 289.2 km，东西宽 216.2 km，总面积 3.68 万 km^2。地势呈西北高、东南低态势。阴山山脉横贯中部，将张家口市划分为坝上、坝下两大部分。境内洋河、桑干河横贯张家口市东西，汇入官厅水库。该地区属于温带大陆性季风气候。一年四季分明，春季干燥多风沙；夏季炎热短促，降水集中；秋季晴朗，冷暖适中；冬季寒冷而漫长。坝上地区昼夜温差大，雨热同季，生长季节气候凉爽；高温高湿炎热天气少。坝下河谷盆地分布在张家口市中部地区，桑干河和洋河径流形成了坝下河谷盆地，海拔高度一般在500～800 m，地势较低。年降水量为330～400 mm。

沽源县平均海拔1 536 m，年均气温2.1℃，夏季平均气温17℃，降水量400 mm，无霜期110 d左右，优良天气达到290 d以上。生态系统完好，是滦河、黑河、白河的发源地，拥有闪电河国家级湿地公园和葫芦河省级湿地公园。全县林地面积12.92万hm^2，草场面积13.53万hm^2，水域面积0.41万hm^2，湿地面积5.33万hm^2，是京津冀地区重要的水源地和生态功能区。

张北县位于河北省西北部，内蒙古高原的南缘，处于华北内地连接内蒙古的咽喉地段，为坝上第一县。该县属中温带大陆性季风气候，年平均气温3.2℃。年降水量300 mm左右。张北县是河北省日照条件最好的县之一，年平均日照时数2 897.8 h，年平均7级以上大风日数30 d左右。张北县四季分明，昼夜温差大，光照充足，是著名的无污染、无公害“绿色食品”生产基地。畜产品主要以牛肉、羊肉和乳品为主，年可提供活畜近百万头（匹）、肉类3.7万t、鲜奶12.9万多t，成为晋、冀、蒙重要的畜产品集散地和华北地区重要的肉食品生产基地之一。所产的牛、羊肉品质优良，产品畅销京津市场，出口阿联酋等中东国家。

第二节　产区社会经济变迁

中国草原红牛主要产区涉及吉林、河北以及内蒙古东部地区。随着社会的进步和经济的发展，各产区社会经济情况随之改变。

一、吉林省通榆县

（一）1995—2010年社会经济情况

吉林省通榆县是中国草原红牛的主产区，在1995—2010年间，通榆县社会经济发展迅速，特别是在“十五”末期和“十一五”时期经济增长的规模和速度都有较大突破，实际产值以每年19.68%的速度增长。2010年，县域的产值已超过70亿；固定资产由1996年的8 217万元增加至2010年的465 719万元，以年均33.43%的比率增长。政府加大了招商引资力度，一些重大投资项目取得重要进展。固定资产投资占地区生产总值的比重整体上呈现不断上升的态势，从1996年的9.73%增长至2010年的65.41%。生产总值年均增速为28.55%，固定资产投资年均增速为39.74%，后者明显高于前者。

表1-1 通榆县1995—2010年经济发展状况

年份	县域实际生产总值（万元）	固定资产投资（万元）	从业人员（人）	资本存量（万元）
1995	53 979	—	153 461	33 374
1996	71 253	8 217	156 321	34 677
1997	70 469	7 392	146 890	35 708
1998	69 835	6 567	137 458	36 496
1999	75 561	13 477	137 764	39 092
2000	83 949	19 202	139 746	43 089
2001	100 990	21 745	141 727	47 628
2002	120 683	15 550	143 708	50 430
2003	142 285	39 439	145 689	59 171
2004	144 135	58 828	148 677	71 905
2005	185 502	87 398	142 427	90 907
2006	198 487	103 813	139 967	113 013
2007	239 375	170 330	147 749	148 733
2008	303 289	232 101	142 065	193 541
2009	350 905	292 537	145 849	251 272
2010	423 542	465 719	146 957	341 152

从表1-1可以看出，通榆县经济从1995年地区实际生产总值53 979万元，历经15年的发展，增长到2010年的423 542万元，实现了近6.85倍的增长，整体上呈现上升趋势。

（二）2014年社会经济情况

到2014年，通榆县国民经济继续保持较高速增长。全县实现地区生产总值122.43亿元，同比增长6.6%。其中，第一产业增加值21.58亿元，同比增长4.5%；第二产业增加值46.12亿元，同比增长7.9%；第三产业增加值54.73亿元，同比增长6.3%。按年平均人口计算，人均GDP达到3.33万元，比上年增长8.1%。财政收支实现较快增长。

（三）2018年社会经济情况

2018年，通榆县经济持续增长，发展质量明显提升。实现地区生产总值实现1 300 000万元，同比增长5.1%；固定资产投资完成42.1亿元，同比增长7%；地方级财政收入实现6.9亿元，同比增长8%；社会消费品零售总额实现44亿元，同比增长8%；外贸进出口总额实现2 311万美元，同比增长3%；城乡居民人均可支配收入分别达到22 721元和9 837元，同比分别增长7%和10%。

二、河北省张家口市

张家口是河北省下辖的一个地级市，位于中国河北省西北部，地处京、晋、蒙交界处，东临首都北京，西连煤都大同，北靠内蒙古草原，南接华北腹地，面向沿海，背靠内陆，是沟通中原与北疆、连接中西部资源产区与东部经济带的重要纽带。

2017年，全市实现农林牧渔业总产值493.40亿，比上年增长5.6%。其中，农业产值247.43亿元，增长4.9%；林业产值28.83亿元，增长32.2%；畜牧业产值203.00亿元，增长3.9%；渔业产值1.86亿元，增长3.9%；农林牧渔服务业产值12.29亿元，增长5.6%。占农林牧渔业的比重分别为：农业50.1%，比上年降低1.2个百分点；林业5.8%，比上年提高1.8个百分点；畜牧业41.1%，比上年降低0.8个百分点；渔业0.4%，与上年基本持平；农业服务业2.5%，与上年基本持平。农业结构调整取得新成效。

张家口市以坝上生态农业、海河流域开发、小流域治理及首都周围绿化为龙头的基础设施建设，发展为中国北方的粮食、蔬菜、果品、畜牧业基地。无公害错季蔬菜、马铃薯薯种及商品薯生产、玉米杂交制种、烟叶、花卉种植等特色农业形成规模。目前已初步形成葡萄与玉米制种、畜产品加工、错季蔬菜等八个跨县（区）的支柱产业，玉米制种已基本形成基地、生产、加工、贮运、销售、贸易工农一体化的产业化经营格局。张家口市的名优土特产品十分丰富，以口蘑、蕨菜、大杏扁、鹦哥绿豆、宣化葡萄、柴沟堡熏肉、中国草原红牛、河北细毛羊最负盛名，还有野生药材、沙棘、黄花、发菜、口皮、西八里紫皮大蒜、蔚州砂器、蔚州贡米等。

家养动物主要有牛、马、驴、骡、猪、羊、鸡、兔、貂、蜂等56种，其中，中国草原红牛、张北马、河北细毛羊已形成生产基地，养蜂业在涿鹿、怀来县形成特色产业，具有开发远景。

三、内蒙古自治区锡林浩特市

锡林浩特市素有“草原明珠”之称，是锡林郭勒盟行政公署所在地，为全盟政治、经济、文化和交通中心，也是全盟对外交流的中心。全市辖7个苏木、6个国有农牧场和6个街道办事处，总面积18 750 km^2，市区面积16 km^2。该市位于锡林郭勒草原中部。北纬43°02′—44°52′，东经115°13′—117°06′。东邻锡林郭勒盟西乌珠穆沁旗，西依阿巴嘎旗，南与正蓝旗相连，东南与赤峰市克什克腾旗接壤，北同东乌珠穆沁旗为邻。市境南北长208 km，东西长143 km。

以拥有美丽富饶的天然草场而著称于世，草场类型齐全，以典型草原为主体，包括草甸草原、典型草原、沙丘沙地草原。可利用优质天然草场面积138.56万 hm^2，优良牧草100多种，被联合国教科文组织列入国际生物圈监测体系。全国第一个草地类自然保护区——锡林郭勒国家级草原自然保护区就坐落于锡林浩特市白音锡勒牧场境内。灰腾锡勒天然植物园是国内最大的自然植物园，拥有200余种珍稀草种。

锡林浩特市具有发展现代畜牧业的基础条件，是国家重要的绿色畜产品生产基地。2008年度牲畜头数133万头（只），连续17年稳定在百万头（只）以上。以乌珠穆沁羊为主要品种的优质羊肉名闻天下，香飘万里，是款待宾客的美味佳肴，是小肥羊肉食品的生产基地，年产各类优质肉制品5万t。国家认证、有机草饲养的奶牛生产的有机奶、低脂奶，营养丰富，口味鲜美，天然无污染，年产5万t。年产毛6 500 t，山羊绒70 t。广袤的草场资源和丰富的畜产品资源，为发展以肉、乳、绒、毛、皮革加工为重点的牧场，产业化畜牧业和畜产品精深加工业提供了良好的资源条件。

第三节　品种形成的历史过程

草原红牛品种形成可以追溯到1927年，当时我国北方地区饲草资源丰富，存栏大量的蒙古牛。这一品种牛长期以来依靠天然草场放牧饲养，形成了适应性强、耐粗饲的特点。但其体型小、毛色混杂、生长发育慢、生产性能低，不适应社会发展需要。为了提高其生产能力，开展了新品种培育。

一、品种起源

1927 年 8 月至 1929 年 11 月间，公主岭农事试验场分三批由美国和加拿大引进兼用短角牛。1929 年，公主岭农事试验场在内蒙古东部奈曼旗沙里胡图嘎建立改良蒙古牛试验基地。1930 年存栏 12 头（公牛 4 头，母牛 8 头）。至 1931 年 9 月存栏短角公牛 5 头，蒙古牛公牛 3 头、母牛 132 头、犊牛和育成牛 49 头，短蒙杂交一代犊牛 11 头，共计 200 头。“九一八”事变以后，由于当地社会治安混乱，1931 年 11 月 18 日和 1932 年 8 月 19 日试验基地两次遭到当地兵匪抢劫与破坏。后因战事纷乱，未能继续进行。

1950 年起，公主岭农事试验场（现吉林省农业科学院）在场内利用短角牛杂交蒙古牛。1952 年，东北人民政府农林部农业科学研究所（现吉林省农业科学院）佟元贵、孙守贵、彭宇年在热河省昭乌达盟与翁牛特旗、海金山牧场等单位合作，选用短角种公牛以人工授精的方法开展了改良蒙古牛研究。

1953 年，内蒙古自治区开始引用兼用型短角牛杂交改良蒙古牛。

1958 年，吉林省农业科学院在吉林省通榆县三家子种牛繁育场建立试验点，继续开展短角牛改良蒙古牛工作。

1973 年，在农林部科教局的组织协调下，成立了由吉林省任组长的北方四省（自治区）草原红牛育种协作组，制订了“草原红牛育种协作办法”。1974 年，受农林部科教局委托，在吉林省农业科学院召开了北方四省（自治区）草原红牛育种协作会议，共同制订“草原红牛育种试行方案”“草原红牛鉴定试行办法”和“草原红牛育种工作若干技术方法”等技术文件。

同年，四省（自治区）有关行政部门、科研单位、高等院校、国营种牛场等单位共 17 人组成了联合调查组，历时 55 d，调查了 4 个地区（盟）、8 个旗（县）、12 个农牧公社和 12 个国营场（站），摸清了整个育种区的草原红牛育种现状。内蒙古自治区于 1974 年将“草原红牛”培育工作列入全区科学发展计划，在各级党政的正确领导下和有关部门的大力支持下，经过该区广大畜牧科技人员、各族农牧民众的不懈努力和辛勤劳动，共同推进了短角牛改良蒙古牛工作。

1976 年，草原红牛育种阶段成果在北京全国农业展览馆展出。1977 年，吉林省农业科学院畜牧所在通榆县举办了首期四省（自治区）草原红牛育种培训班；同年，中国科学院、国家科学技术委员会、财政部联合通知，把草原红牛新品种培育列入国家重大科研项目之一。拨专项经费资助，进一步加快了育种进程。1982 年，吉林省农业科学院畜牧所在本院举办了第二期四省（自治区）育种培训班。1985 年，农牧渔业部畜牧局组织专家鉴定验收，并定名为中国草原红牛。

二、品种形成

据《吉林内蒙古河北三省（自治区）草原红牛育种大事记》记载，草原红牛育种全过程大致分为杂交改良、横交固定和自群选育三个阶段。

从 1951 年起，察北牧场、海金山牛场、五一牧场、三家子牛场及一些县（旗）相继开始采用引进的短角公牛杂交改良当地蒙古母牛，到 1973 年，“四省（自治区）草原红牛育种协作组”成立前的 22 年，主要为杂交改良阶段。重点县（旗）和育种场，按各省（自治区）自定的育种方案，选择理想的短蒙二、三代杂种公、母牛，进行了横交及选育的试验研究工作。

1973 年 12 月，由农林部科教局组织吉林、辽宁、内蒙古、河北四省（自治区），成立了草原红牛育种协作组后，按统一制订的育种方案，相继进入了横交固定（1974—1979 年）和自群选育（1980—1985 年）两个阶段。

（一）第一阶段，杂交改良

1. 吉林省草原红牛杂交　利用短角公牛与当地蒙古母牛杂交，充分发挥优良种公牛作用，生产各代杂种牛。

1958 年吉林省农业厅决定，以白城地区通榆县为基地，通榆县三家子为试验基点建立通榆县种牛繁育场；以中国农业科学院东北农研所（即公主岭农事试验场）为技术依托单位，派驻佟元贵、孙守贵、彭宇年、刘国才（1960—1978）等科技人员，利用短角牛杂交改良蒙古牛，培育吉林红牛新品种。

当年选购 488 头蒙古母牛，利用 2 头短角公牛采精，人工授精母牛 218 头，翌年产犊 128 头。1959 年春，吉林省农业科学院畜牧所养牛室在通榆县举办了第一期牛人工授精训练班，培训 114 名学员。同年，在开通公社和瞻榆镇建立了两处采精站，负责供应开通、边昭等 8 社 1 场的 47 个输精点的精液，共配母牛 4 487 头，受胎率为 75%。第“345”号短角公牛常温精液配种 3 765

头母牛，创造了常温精液人工授精的最高纪录。1960 年 6 月，通榆县委做出了关于“大力开展黄牛改良、培育吉林红牛”的决定。利用 5 头短角公牛，建立了 5 处采精站，94 个输精点，全县半数以上的生产队开展了黄牛人工授精改良。同年末，通榆县种牛繁育场牛存栏达 1 263 头，其中基础母牛 572 头，并根据杂种牛的毛色和体型分别组群，严格选种、选配，淘汰杂色牛。1964 年，经吉林省政府批准，在通榆县裕记大甸子建立通榆县新华种牛场（1968 年 7 月，改名为通榆县新华种牛繁殖场）。从吉林省农业科学院畜牧所调入 68 头短角牛进行纯种繁育，为改良当地蒙古牛提供种源。并在白城地区的通榆、乾安、长岭、大安、洮南、镇赉 6 个县，11 个国营畜牧场，以通榆县为中心、以通榆县种牛繁育场为核心建立改良育种基地，推广短角牛改良蒙古牛技术，生产各代短蒙杂种牛。至 1972 年，白城地区短蒙杂种牛达 13 万头。

2. 河北省草原红牛杂交　河北省自 1951 年开始，以短角种公牛为父本，蒙古牛为母本，进行级进杂交。目的是改良蒙古牛，不断提高后代的生产性能。

1951 年，首先在察北牧场建立两处牛配种站，用短角种公牛，以本交的方式，交配蒙古母牛 500 多头，当年受胎率仅达 50%。1952 年张北县二台，台路沟、曼头营三个乡配备了六头短角公牛，建起三个国营牛站，对当地蒙古牛进行配种改良，当年配种 500 多头，1953 年产出短蒙改良牛犊后由于发育快、个体大，深受群众欢迎，从而提高了群众对改良牛的认识，1954 年配种站场设到八处，并推广了人工授精技术，以后又逐步扩展到康保、沽源等县。1954—1955 年间，沽源牧场从内蒙古兰旗及张北县购入蒙古牛 200 余头，也开始了短蒙杂交改良工作，此间，察北牧场还从张北等县购回短蒙杂一代母牛 200 余头，加速了改良进程，这时期虽然未制订牛育种方案，但已组织了改良核心群，开始探索培育乳肉兼用牛。多年来，牛的改良育种虽经数次兴衰，但是由于有广大群众的支持和广大科技人员的努力，仍取得了一定成绩。特别是 1973 年以后，草原红牛育种协作组成立，制订了育种方案，这项工作从领导上、组织上、技术上开始走向正轨。

3. 内蒙古草原红牛杂交　内蒙古草原红牛杂交工作始于 1953 年。据翁牛特旗海日苏镇草原红牛育种材料显示。自 1953 年引用兼用型短角公牛与本地母牛杂交改良以后，1965 年，首先在乌兰吉达嘎嘎查选出理想型二代母牛 40 头，组建全期第一个社会育种核心群。到 1971 年发展成为 4 个核心群，母牛达280头，实行单独放牧管理。

4. 杂交一代生产性能　据乾安县新生种畜场畜牧组利用短角公牛杂交改良蒙古牛的试验报告显示。

（1）体型外貌　改良牛在体型外貌上较蒙古牛有明显变化，逐渐趋向短角牛，头型清秀，颈肩宽厚，背腰较平直，胸宽、尻平、四肢端正，体躯略呈长方形，毛色逐趋深红色，但仍有一部分牛尚留有蒙古牛颈短、胸窄、背腰欠平等弱点。

（2）生产性能　在以常年放牧为主、冬季补少量饲草、个别补料的饲养管理条件下，短蒙一代杂种牛初生重比蒙古牛提高15%，见表1-2。成年牛的体重、体尺比蒙古牛有显著提高。其体重提高25%左右，体高提高10%左右；其他各部均提高10%左右，见表1-3。产肉率，在放牧肥育条件下，20～24月龄的阉牛，平均活重为285kg，与同龄蒙古牛比较，提高90.5kg，见表1-4。

表1-2　犊牛初生体重及体尺比较

品种	初生重（kg）	体高（cm）	体长（cm）	胸围（cm）	管围（cm）
一代杂种	23.0	63.0	57.6	64.5	9.5
蒙古牛	20.0	60.0	53.8	63.3	9.1
比较提高（%）	15.00	5.00	7.06	1.90	4.40

表1-3　成年牛体重及体尺比较

品种	体重（kg）	体高（cm）	体长（cm）	胸围（cm）	管围（cm）
一代杂种	450	125.5	150.4	179.5	17.5
蒙古牛	360	115.5	137.3	165.4	16.0
比较提高（%）	25.00	8.66	9.54	8.52	9.38

表1-4　两岁半阉牛增重性能比较

品种	性别	头数（头）	活重（kg）
一代杂种	公	30	285.5
蒙古牛	公	10	195.0
增重			90.5

综合上表：利用短角公牛与蒙古母牛级进杂交二代开始横交较为合适。这

样既保留了蒙古牛适应性强、耐粗饲、抗病力强的特点，又继承了短角牛肌肉丰满、出肉率高、乳房发育良好等优点，为培育肉乳兼用的草原红牛创造了良好条件。

（二）第二阶段，横交固定

按照《草原红牛育种方案》要求，选择理想型的短蒙（短角牛改良蒙古牛）杂交二代（或少量的三代）公、母牛进行横交固定。具体技术路线见图 1-1。

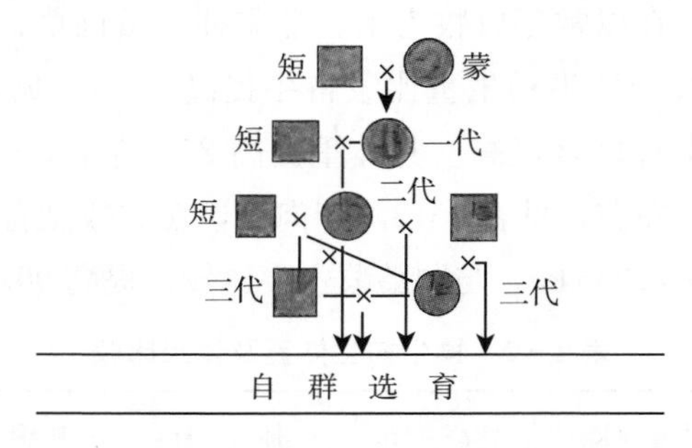

图 1-1 草原红牛育种技术路线（1985）

据通榆县三家子种牛繁育场“关于培育草原红牛生产效果的报告”显示，该场 1985 年从周围社会购入本地蒙古母牛 488 头，使用乳肉兼用短角公牛进行级进杂交，杂交至二、三代，进行横交选育，培育草原红牛。

吉林省农业科学院畜牧所、三家子种牛繁育场和白城地区畜牧研究所提供的《短蒙杂种牛和草原红牛放牧育肥产肉性能调查报告》显示，放牧育肥 42 月龄一代杂种阉牛比蒙古牛多产肉 49.93 kg，二代杂种牛比蒙古牛多产肉 66.91 kg，见表 1-5。

表 1-5 短角公牛改良蒙古母牛杂交一、二代与蒙古牛产肉性能比较

品种	月龄	头数	宰前活重（kg）	胴体重（kg）	屠宰率（%）	净肉重（kg）	净肉率（%）
蒙古牛	42	7	289.57	147.60	50.97	119.37	41.22
短蒙一代牛	42	6	380.84	201.50	52.91	169.30	44.45
短蒙二代牛	42	4	464.75	228.35	49.13	186.28	40.08

胡成华、于洪春等在 1975—1984 年，根据对短蒙杂种牛生产性能和适应性等综合评定。发现，在相同的放牧饲养管理条件下，一代杂种母牛体重

415.4 kg、体高 121.4 cm，分别比蒙古牛提高 27.37%和 8.88%；二代杂种母牛体重 429.4 kg、体高 122.7 cm，分别比蒙古牛提高 31.76%和 10.22%；二代杂种母牛平均产奶量 1 643 kg，比蒙古牛提高 2.2 倍。经改良的二代杂种牛体大、发育快、产肉多、产奶量高、适应性强，综合生产性能高于其他代次的杂种牛。因此，就当地的自然环境和饲养条件以级进杂交到二代为宜（含 75%短角牛血）。

1972 年年初，在通榆县三家子种牛繁育场开展横交固定试验，而后辐射吉林和内蒙古等地。至 1972 年年末，昭乌达盟和白城地区分别改良出各代短蒙杂种牛 5 万头和 13 万头（其中，通榆县 6 万多头），为肉牛新品种培育奠定了种群基础。

1973 年，在农林部科教局的组织协调下，成立了北方四省（自治区）草原红牛育种协作组，制订了统一的育种方案和选育目标，并将“吉林红牛”改称为“草原红牛”。

1974 年之前，内蒙古地区改良基础较好的场，虽已开展过横交配种，但仅是自发性的。直到 1974 年，四省（自治区）育种协作组通过联合考察制订了草原红牛育种方案后，才转入自觉的横交选育阶段。沽源牧场、张北、沽源、康保三县在加速短蒙改良进程的同时，陆续对理想的二、三代短蒙杂种牛进行横交固定。尔后，经鉴定组建育种核心群，开展自群选育。

同年，吉林省农业科学院畜牧所在国内率先引进了国际上先进的牛冷冻精液人工授精技术，在通榆县边昭公社试点，当年冷配母牛 1 200 头，受胎 876 头，受胎率 73%。1975 年吉林省革命委员会批准在白城地区的白城市建立家畜冷冻精液站，重点推广牛冷冻精液人工授精技术。1976 年开始，生产了大量横交牛（理想型的短蒙级进杂交二代和三代种公牛）冷冻精液，结合人工授精技术，加速了草原红牛育种进程。

该成果 1978 年分别获全国科学大会奖和吉林省科学大会奖。

（三）第三阶段，自群选育

采取同质亲缘、异质远缘的原则进行个体选配，按照种群特征严格筛选横交后代；按血统继代，应用综合等级评定法选留优秀的种牛，同时进行种公牛后裔测定。

1. 吉林草原红牛通过鉴定　在通榆县种牛繁育场（1984 年 3 月，改名为通榆县三家子种牛繁育场）建立了草原红牛育种群，为育种区提供种公牛。在鸿兴、什花道、向海等乡（村）畜牧场建立扩繁群。1980 年，通榆县液氮站建成投产，负责供应通榆、长岭、乾安三个县牛“冷配”用液氮。整个育种区基本上普及了牛冷冻精液人工授精技术。1984 年，吉林省草原红牛育种区内累计改良出各代短蒙杂种牛 46.4 万头，存栏 12.8 万头；培育出草原红牛 3.0 万头，存栏 8 000 头。经普查鉴定，育种区内达到育种指标的基础母牛 2 287 头，其中特级牛 232 头、占 10.14%，一级牛 882 头、占 38.57%，二级牛 840 头、占 36.73%，三级牛 333 头、占 14.56%。

2. 内蒙古草原红牛通过鉴定　1974 年内蒙古自治区将“草原红牛培育”列入全区科学发展计划，在各级党政的正确领导下和有关部门的大力支持下，经过该区广大畜牧科技人员、各族农牧民群众的不懈努力和辛勤劳动，到 1983 年，全区各代短蒙杂种牛已发展草原红牛至 1.6 万头，其中基础母牛 7 500 头，主要产于赤峰市、锡林郭勒盟南部地区，在以放牧为主、冬春稍加补饲的条件下，年产奶量平均可达 1 600 kg，青草期 100 d 平均产奶量为 800 kg，乳脂率 4%以上；18 月龄阉牛体重可达 300 kg，屠宰率 52%以上，与蒙古牛相比产奶量提高了 2～3 倍，产肉量增加 1 倍。此外，内蒙古草原红牛肉质鲜美，蛋白质含量较高（粗蛋白含量在 19%～20%），深受群众喜爱。对内蒙古翁牛特旗海日苏镇调研报告显示：1975 年良种和改良牛仅占 37.1%，至 1985 年发展到 62.92%。全镇存栏短蒙杂种二代牛以上和草原红牛共 4 242 头，占良种和改良种牛的 65.8%，其中，草原红牛 1 399 头，占 32.9%。1984 年在乌兰吉达嘎嘎查鉴定 241 头，达三等以上的 57 头，占 23.6%；其中一等 10 头，二等 12 头，三等 35 头。1985 年 6 月末有良种和改良牛 1 736 头，占 98.9%。

1984 年 9 月 10—19 日，在锡林浩特市和赤峰市召开“内蒙古自治区草原红牛鉴定验收命名大会”，会上内蒙古草原红牛通过鉴定，于 9 月 19 日正式签字承认并上报有关部门。

3. 河北省草原红牛通过鉴定　1984 年，河北省沽原牧场、张北、沽原、康保三县共存栏草原红牛 2 000 余头。在近千头草原红牛个体鉴定中，达到育种指标的成母牛有 513 头。其中，特级牛 50 头，占 9.7%；一级牛 172 头，占 33.5%；二级牛 230 头，占 44.8%；三级牛 61 头，占 11.9%。河北省育种区 30 年来累计产活杂交改良牛 20 余万头。1985 年，存栏 4 万余头。这些短蒙杂种牛的体型外貌较蒙古牛有明显改进，体躯加大，背腰平直，斜尻得到改善，肌肉丰满度增加，乳房发育较好，头型及毛色变化明显，生长发育及生产性能均有较大提高，而且保有蒙古牛耐粗饲、适应性强的特性。1985 年，河北省草原红牛通过鉴定。

1985 年，4 省（自治区）草原红牛育种通过农牧渔业部验收鉴定，并正式命名为“中国草原红牛”。该成果当年获吉林省科技进步奖特等奖。1986 年，由吉林省主持制定了中国草原红牛专业标准（ZBB 43006－86）。1987 年，“中国草原红牛”获国家科学技术进步奖二等奖。

证　书

获奖项目：中国草原红牛

获奖单位：吉林省农科院畜牧所

奖励等级：二等

奖励日期：一九八七年七月

证书号：农-[illegible]

国家科学技术进步奖
评审委员会

第二章
品种特征和性能

中国草原红牛是由吉林、内蒙古、辽宁、河北畜牧工作者按照统一的育种目标，采用统一的选育方案，共同培育的我国第一个乳肉兼用品种。

第一节　体型外貌

一、外貌特征

中国草原红牛遗传性能稳定，属于早熟品种，体型中等。全身被毛为枣红色或红色，少量牛腹股沟为浅黄色，少数牛腹下、睾丸及乳房有白色斑（点）；尾尖兼有白毛，鼻镜多为粉红色，兼有灰色、黑色。公牛额头及颈间多有卷毛。侧面观看略呈长方形；体质结实、紧凑，结构匀称，骨骼较细致，肌肉附着良好。头部大小适中，颈肩结合良好；背腰平直、耆甲宽平，胸宽且深，肋开张，两侧丰满；身躯紧凑，尻长，较宽平；四肢端正而结实，肢势端正，大腿肌肉丰满，整体结构清秀而匀称，牛蹄形状端正且结实。多为倒八字形角，公牛角根部粗壮，较短；母牛犄角细长。母牛乳房发达良好，大小适中，分布均匀，呈盆状，附着于腹股部，向前后伸展，不低垂。公牛睾丸大。中国草原红牛公牛见图2－1。

图2－1　中国草原红牛公牛

二、成年牛体重与体尺

吉林草原红牛的生产性能好，初生体重大，生长发育快。在有青季节放牧养育，冬春枯草期补喂适量的干草、青贮饲料和少量的精料，成年活重公牛813～957 kg，最重的达 1 000 kg 以上，18 月龄草原红牛公牛（65 头）平均体重 310 kg，成年母牛 427～527 kg，最重的达 600 kg，平均体高 125.5 cm，年均产奶 1 662 kg，最高产奶量 3 345 kg。犊牛出生后增重快，到 6 月龄平均日增重公犊 700 g 左右，母犊 600 g 左右。

河北省国有牧场草原红牛发育较好。公犊初生重平均 33 kg，母犊 31 kg。成年母牛体高达 125 cm 以上，体重 400～450 kg。成年公牛体高 145 cm，体重 911 kg。具体指标见表 2-1。

表 2-1　河北省草原红牛成年母牛体尺和体重

数据项目	体尺和体重													
	头长（cm）	头宽（cm）	体高（cm）	十字部高（cm）	坐骨端高（cm）	体长（cm）	胸围（cm）	胸深（cm）	胸宽（cm）	腰角宽（cm）	坐骨端宽（cm）	尻长（cm）	管围（cm）	体重（kg）
平均数	47.8	21.68	125.5	127.35	114.15	150.5	183.33	67.9	45.9	44.4	22.43	46.65	17.5	412.68
标准差	4.11	2.57	4.75	3.00	4.39	1.35	6.68	1.8	4.84	4.19	4.74	4.00	1.02	58.82
变异系数	8.6	11.85	3.79	2.36	3.85	0.9	3.64	2.65	10.54	9.44	21.13	8.57	5.81	11.21
标准误	0.75	0.47	0.87	0.55	0.80	0.25	1.22	0.33	0.88	0.77	0.87	0.73	0.19	11.02

数据来源：河北省草原红牛育种技术报告（1985 年）。

第二节　生物学习性

中国草原红牛具有群居性（图 2-2），常年在草原上放牧饲养，不怕风吹雨淋，烈日曝晒，蚊虫叮咬；在风雪严寒的冬季，也没有畏缩、战栗、弓腰等不适应表现。放牧采食性强，不论草质好坏，都能安静采食，游走范围不大。夏季吃饱以后，抓膘快，换毛早。对一般疾病的抗御能力强，发病率低。犊牛的育成率、母牛的繁殖率都比较高，对环境条件有良好的适应能力。在草原放牧时，经常以 3～5 头结群活动。在圈舍内饲养时仅有 2%单独散窝，40%以上 3～5 头结群卧地。中国草原红牛采食具有竞争性，可以利用这一特点增加采食量，提高饲料利用效率和增重效果。中国草原红牛每天采食饲料后 2～3 h 排便，一般情况下，每头牛每天平均排尿9次，排粪12～18次。中国草原红牛对温度的适应能力较强，最适宜的温度范围为10～15℃。也能适应5～21℃的温度环境，对低温耐受力较强；如泌乳牛的环境温度耐受范围为－15～26℃。对高温的耐受力较差。在高温环境下，中国草原红牛采用排汗和热性喘息的方式调节体温。

图2－2　中国草原红牛放牧群体

在温度正常的条件下，空气湿度对中国草原红牛体热调节无明显影响；但在低温、高湿或高温、高湿时，对其健康均有不良影响。中国草原红牛最适宜的相对湿度范围为50％～70％，不宜超过75％。

河北省草原红牛育种工作组对草原红牛血液生理指标、白细胞、呼吸、脉搏、体温和瘤胃蠕动频数等做了测定。具体见表2－2至表2－5。

表2－2　草原红牛育成牛血液生理常数

项目	血量占体重（%）	pH	碱贮	比重	红细胞（百万/mm³）	白细胞（个）	血红蛋白（g，以100 mL计）	最小抵抗	最大抵抗
平均数	5.18	7.28	420	1.051	5.90	6 635	9.98	0.50	0.33
范围	5.16～5.19	7.1～7.4	240～560	1.046～1.057	4.1～6.65	5 550～9 500	8.5～11	0.45～0.55	0.3～0.4

数据来源：《河北省草原红牛育种资料》。

表2－3　草原红牛成母牛白细胞分类计数

单位：10^9 个/L

项目	嗜酸性	嗜碱性	嗜中性杆状性	嗜中性分叶核	淋巴细胞	单核细胞
平均数	8.00	3.00	3.15	26.70	57.70	1.45
范围	3～13	0～7	1.5～9	20～38	50～75	0～3

数据来源：《河北省草原红牛育种资料》。

表 2-4　草原红牛成年母牛呼吸、脉搏、体温

项目	呼吸（次/min）			脉搏（次/min）			体温（℃）		
	上午	下午	平均	上午	下午	平均	上午	下午	平均
平均数	15.52	26.21	20.87	66.83	73.51	70.07	38.03	38.77	38.40
范围	10～28	10～40	10～40	54～96	50～100	50～100	36.8～38.8	38.2～39.2	36.8～39.2

数据来源：《河北省草原红牛育种资料》。

表 2-5　草原红牛成年母牛瘤胃蠕动频数

时间（次数）	上午			下午			平均		
	进食前	进食中	进食后	进食前	进食中	进食后	进食前	进食中	进食后
平均数	2.5	3.0	3.03	2.6	3.1	3.06	2.6	3.1	3.05
范围	2～3	2～4	3～4	2～3	3～4	3～4	2～3	3～4	3～4
舍温（℃）		6～11			9～15			6～15	

数据来源：《河北省草原红牛育种资料》。

第三节　生产性能

中国草原红牛属于乳肉兼用品种，其生产性能包括生长发育性能、泌乳性能、产肉性能以及繁殖性能等诸多指标。

一、生长发育性能

20世纪80年代以前，中国草原红牛主要依靠放牧饲养，在夏秋季节牧草盛期，营养丰富，牛只发育基本正常。冬春季节，饲料不足，营养不全，生长发育受阻，特别是生后第二个冬季，发育比较缓慢，甚至体重下降，从而延长了生长期。

2000年以来，随着养牛经济效益的提高和饲养方式的逐步改变，肉牛规模化养殖户逐渐增加，饲料投入增加，在坚持传统放牧饲养方式的基础上，修建了规模化圈舍。牛群放牧归来后，补充一定的精饲料，增加营养供给，保障生长发育需要。由于营养供应不足导致的生长受阻问题已经得到解决。吉林省草原红牛放牧群体初生、6月龄、12月龄、18月龄、24月龄以及成年体尺、体重情况见表2-6。

表 2-6　吉林省草原红牛体尺和体重

年龄	性别	头数（头）	体高（cm）	十字部高（cm）	坐骨端高（cm）	体斜长（cm）	胸深（cm）	胸宽（cm）	腰角宽（cm）	髋宽（cm）	尻长（cm）	胸围（cm）	管围（cm）	坐骨端宽（cm）	体重（kg）
初生	公	651	67.5±1.03	70.0±2.02	63.9±0.94	61.0±1.18	25.7±0.61	16.0±0.52	15.9±0.42	19.0±0.62	21.5±0.34	70.4±1.71	10.2±0.37	5.4±0.50	31.96±1.25
	母	527	67.3±2.3	70.0±4.59	63.7±2.29	60.7±4.59	25.7±2.3	15.8±2.3	15.8±0.8	18.8±2.03	21.4±2.3	70.6±11.48	9.8±0.78	5.5±0.75	30.2±2.32
6月龄	公	521	95.3±2.03	99.5±2.10	91.6±1.51	104.0±2.61	46.0±1.55	28.3±1.17	29.6±1.30	30.0±2.18	34.9±1.07	123.8±4.31	14.3±0.55	8.4±0.84	153.6±13.03
	母	505	93.8±4.49	98.2±4.49	90.6±4.48	102.1±6.74	45.2±4.49	27.7±2.25	29.4±2.25	29.7±2.01	33.5±2.25	120.5±11.24	13.3±0.9	9.5±0.98	140.4±20.23
12月龄	公	293	104.7±2.88	109.6±2.65	100.3±2.47	115.5±3.70	52.3±2.16	30.7±1.51	34.4±2.24	33.1±1.22	38.8±1.96	139.6±5.49	15.2±0.35	10.2±1.04	199.9±19.60
	母	284	103.1±5.06	108.4±5.06	99.6±3.37	113.7±6.68	51.0±3.37	29.4±3.37	35.1±3.87	33.4±2.67	37.8±1.69	136.1±8.43	14.3±1.69	12.1±1.69	181.4±25.28
18月龄	公	624	111.3±1.90	115.9±1.71	105.8±1.95	126.0±1.33	57.8±1.33	36.2±1.52	40.0±0.92	38.0±1.36	43.3±0.91	156.3±2.91	16.9±0.61	10.6±0.84	295.3±15.17
	母	697	111.1±5.28	116.1±5.28	106.3±5.28	126.0±5.28	58.0±2.64	35.5±2.64	40.9±2.64	37.8±2.56	42.3±2.64	155.3±5.28	15.9±0.95	13±0.99	276.6±29.10
24月龄	公	127	116.0±2.23	120.5±1.88	110.0±1.95	131.7±5.59	60.5±2.07	37.2±0.98	41.7±1.94	39.4±1.89	45.8±3.27	163.1±5.21	17.3±0.56	11.8±0.67	319.8±17.44
	母	183	114.7±4.05	119.1±4.04	108.8±4.03	129.0±5.38	59.0±2.69	34.1±2.69	42.2±1.35	38.9±1.19	42.9±2.68	157.7±1.34	16.0±1.34	15.1±1.34	264.5±24.35
成年	公	5	125.5±3.86	128.9±8.57	116±4.77	152.1±5.72	71.1±2.86	43.6±3.82	54.1±2.86	46.0±3.82	51.4±1.91	187.3±6.68	18.3±0.95	16.7±1.91	475.8±37.61
	母	93	142.7±4.84	141.6±4.45	126.4±5.18	179.8±8.58	84.4±3.78	61.0±3.00	58.2±3.83	52.9±3.05	58.3±3.87	228.4±11.08	24.0±1.00	12.9±1.82	893.8±53.96

河北省草原红牛公、母牛初生、6月龄、18月龄体尺及体重统计见表2-7。

表2-7 河北省草原红牛公、母牛各年龄体尺及体重统计

年龄	性别	头数（头）	体高（cm）	体长（cm）	胸围（cm）	管围（cm）	体重（kg）
初生	公	39	73.8±3.45	65.73±3.31	74.95±2.64	10.90±1.93	33.49±5.04
	母	38	71.71±4.73	63.59±4.19	74.341±2.16	10.60±0.65	31.05±4.58
6月龄	公	8	95.38±3.66	102.75±5.67	116.00±4.35	14.16±0.99	132.50±14.78
	母	17	95.50±2.41	101.12±4.90	114.17±5.13	13.00±1.06	120.88±11.91
18月龄	母	11	98.09±5.22	111.36±7.47	128.36±6.23	13.64±0.67	142.00±32.71

数据来源：河北省草原红牛育种技术报告（1985年）。

二、泌乳性能

（一）选育前期

草原红牛品种育成前期，四省区都开展了泌乳性能测定。以内蒙古海金山种畜场为例，1978年，沙尔夫、曹尔光、谢玉强、陆昭宏等对海金山种畜场60头一、二、三产草原红牛母牛的产奶量进行了测定。具体见表2-8。

表2-8 经产草原红牛产奶量

一产				二产				三产			
头数（头）	泌乳天数（d）	平均泌乳量（kg）	范围（kg）	头数（头）	泌乳天数（d）	平均泌乳量（kg）	范围（kg）	头数（头）	泌乳天数（d）	平均泌乳量（kg）	范围（kg）
5	248.2	1 715.9	1 365～2 222	9	222.8	1 920.1	1 200～2 378	7	246.4	2 698.4	1 980～3 237.3
5	241	1 457.6	1 337～2 222	5	252.6	1 518.3	1 027～1 767	5	216	1 709	1 553～1 864
6	187.2	1 040.8	800～1 596	7	206.2	1 226.8	874～1 444	5	236.5	1 437	1 200～2 100
16	225.4	1 404.7	800～2 222	21	227.2	1 593.1	874～2 378	17	232.9	2 036	1 200～3 237.3

（二）品种验收

中国草原红牛品种验收时，吉林产区三产以上母牛平均泌乳219.10 d，平均产奶量1 670.87 kg，最高个体3 345 kg。具体产奶量及日均产奶量见表2-9。

表 2-9 中国草原红牛泌乳量

产次	头数	产奶天数（d）		泌乳（kg）		平均日量（kg）		最高日量（kg）	
		$x \pm s$		$x \pm s$		$x \pm s$		$x \pm s$	
1	198	218.5	36.87	1 249.6	353.47	5.7	1.46	9.2	1.83
2	121	215.7	35.97	1 486.1	385.44	6.9	1.65	11.3	2.31
3	89	223	33.59	1 640.2	420.1	7.4	1.42	12.1	2.64
4	70	217.8	37.73	1 633	460.92	7.5	1.42	12.2	2.18
5	53	216.5	35.02	1 739.4	542.08	8	2.18	13.3	3.13

数据来源：草原红牛品种验收时的产奶性能。

（三）乳用品系

草原红牛品种育成后，各育种单位分别对其开展进一步的选育提高工作。吉林省农业科学院利用丹麦红牛改良草原红牛持续提高其泌乳性能。对比测定了草原红牛（CH）和导入 1/4 丹麦红牛血的草原红牛（草原红牛乳用品系）（DC）的泌乳量。研究发现，在白天放牧、夜晚补充精饲料，每天手工挤奶 2～3 次，母牛每产 3～4kg 奶，再补饲 1kg 混合精料的条件下，草原红牛乳用品系的泌乳性能显著提高。见表 2-10。

表 2-10 中国草原红牛乳用品系泌乳量

产次	品种	样本数（头）	泌乳天数（d）	DC 比 CH 提高（%）	泌乳量（kg）	DC 比 CH 提高（%）
1	CH	158	218.50±36.87	—	1 249.60±353.47	—
1	DC	59	220.07±32.84	0.72	1 718.76±631.18	37.54
2	CH	121	215.70±35.97	—	1 486.10±385.44	—
2	DC	56	231.36±33.45	7.26	2 197.75±575.15	47.89
3	CH	89	223.00±33.59	—	1 640.20±420.10	—
3	DC	46	244.39±32.00	9.59	3 168.64±849.07	93.19
4	CH	70	217.80±37.73	—	1 633.00±460.92	—
4	DC	46	244.17±29.78	12.11	3 183.40±760.92	94.94
5	CH	53	216.50±35.02	—	1 739.40±542.08	—
5	DC	27	228.56±35.46	5.57	3 043.20±786.31	74.96

草原红牛乳用品系牛乳中脂肪、蛋白质、乳糖的含量分别达到 6.8%、4.3%和 4.6%，干物质为 16.3%，每 100 mL 乳中钙为 106 mg。这一结果除与取样有关，主要还是品种特性所致。

三、产肉性能

肉牛的产肉性能可以分为牛肉产量和品质两方面。中国草原红牛育肥效果良好，肉质细嫩、风味独特，其产品曾远销我国香港以及东南亚地区，深受消费者喜爱。

1. 育肥性能　在满足营养需要的情况下，中国草原红牛有较好的育肥性能，架子牛育肥期日增重 828.71～1 496.13 g；小公牛持续育肥期日增重 1 022.50～1 181.41 g。但由于日粮组成不同，同一种育肥方式表现出不同的增效，详见表 2-11。

表 2-11　草原红牛育肥性能

育肥方式	头数（头）	入栏重（kg）	出栏重（kg）	育肥天数（d）	日增重（kg）	备注
架子牛育肥	6	293.60	382.94	80	1 116.75	阉牛
	6	291.17	410.86	80	1 496.13	
	8	289.75	385.88	116	828.71	
	5	345.75	470.80	145	862.41	
	6	285.33	543.83	177	1 460.45	
	5	247.00	475.00	187	1 219.25	
	5	300.00	523.50	202	1 106.44	
小公牛持续育肥	4	233.19	489.39	240	1 067.50	阉牛
	5	231.50	549.30	269	1 181.41	
	5	230.20	537.90	269	1 143.87	
	5	230.70	536.40	269	1 136.43	
	6	231.33	577.67	313	1 106.52	
	10	198.80	526.00	320	1 022.50	

利用中国草原红牛公牛或者阉牛育肥，采用架子牛育肥或者小公牛持续育肥，对于其屠宰率、净肉率等指标均有不同程度的影响。详见表 2-12。

表 2-12　中国草原红牛屠宰性能

育肥方式	头数（头）	宰前活重（kg）	胴体重（kg）	屠宰率（%）	净肉重（kg）	净肉率（%）	骨重（kg）	骨率（%）	备注
架子牛育肥	6	364.50	210.96	57.88	174.07	47.76	36.89	10.12	公牛
	6	391.67	214.63	54.80	177.55	45.33	37.08	9.47	公牛
	5	459.80	267.22	58.12	227.20	49.41	40.41	8.79	阉牛
	8	378.53	220.07	58.14	187.27	49.47	31.84	8.41	阉牛
小公牛持续育肥	6	518.50	292.80	56.47	227.80	43.93	44.58	8.60	公牛
	5	539.00	314.20	58.29	266.56	49.45	47.74	8.86	
	5	527.60	308.92	58.55	261.30	49.53	47.62	9.03	
	5	515.20	302.60	58.73	257.93	50.06	44.67	8.67	

2. 肉质性能　经育肥的中国草原红牛牛肉嫩度适中，肉色鲜红，大理石纹分布均匀，肌间脂肪沉积比较好，有明显的大理石状花纹。胴体脂肪覆盖率75%～95%，小公牛持续育肥都在85%以上；皮下脂肪厚度0.5～1 cm，脂肪颜色为白色。经排酸处理的背最长肌肌肉剪切值21.56 N，未经排酸处理的背最长肌肌肉剪切值36.36 N。牛肉系水力较高，加工性能较好。其中蛋白含量高，脂肪含量低，矿物质含量丰富，总氨基酸含量高，营养价值全面。在草原红牛阉牛背最长肌脂肪酸组成中，主要脂肪酸的累计组成占总脂肪酸的98.93%；饱和脂肪酸与单不饱和脂肪酸含量分别为40.82%、51.39%，与草原红牛公牛相比，差异不显著（$P>0.05$）；多聚不饱和脂肪酸含量为7.79%，显著高于草原红牛公牛（$P<0.05$）。草原红牛小公牛氨基酸测定结果见表2-13、表2-14。

表 2-13　草原红牛小公牛氨基酸测定结果

单位：g，以100 g计

头数		天冬氨酸	谷氨酸	丝氨酸	组氨酸	甘氨酸
7	平均数	9.2±0.19	4.87±0.18	4.15±0.19	4.99±0.38	7.47±0.24
	范围	8.95～9.5	4.7～5.12	3.81～4.43	4.34～5.32	7.1～7.75
		苏氨酸	精氨酸	丙氨酸	酪氨酸	缬氨酸
	平均数	4.69±0.21	9.42±0.24	7.52±0.24	3.65±0.18	5.62±0.14
	范围	4.3～4.89	9.11～9.72	7.21～7.89	3.39～3.9	5.42～5.82

（续）

头数		蛋氨酸	色氨酸	苯丙氨酸	异亮氨酸	亮氨酸
7	平均数	2.49±0.10	0.34±0.06	4.8±0.23	4.81±0.27	9.36±0.11
	范围	2.30～2.61	0.24～0.42	4.48～5.24	4.46～5.26	9.23～9.55
		赖氨酸	羟脯氨酸	脯氨酸		
	平均数	9.29±0.14	2.47±0.45	4.87±0.35		
	范围	9.1～9.57	2.13～3.21	4.54～5.43		

表 2-14　脂肪酸测定结果

单位：%

头数		肉豆蔻酸	肉豆蔻脑酸	软脂酸	棕榈油酸
7	平均数	3.06±0.79	0.97±0.24	28.56±1.41	5.53±0.62
	范围	1.91～4.09	0.64～1.36	26.11～30.69	4.38～6.29
		硬脂酸	油酸	亚油酸	
	平均数	16.88±2.77	42.3±2.19	2.27±0.34	
	范围	13.93～21.59	38.71～44.62	1.92～2.85	

四、繁殖性能

中国草原红牛母牛初情期在 8～10 月龄，性成熟期一般在 14～16 月龄。发情周期多为 18～23 d，平均 21.2 d，发情持续时间为 12～36 h；产后第一次发情，早春分娩母牛多在产后 80～110 d，夏季分娩母牛多在 40～50 d，母牛妊娠期平均 283 d。由于受草原地区饲养条件限制，冬季营养水平较低，大多不发情，发情配种主要集中在每年的 4—9 月，形成了季节性繁殖。初配母牛一般在 24 月龄以后开始配种。据通榆县三家子种牛繁育场连续五年母牛繁殖资料统计，母牛受胎率 93%，繁殖成活率 84.47%，产犊间隔 407 d。目前由于饲养水平的提高，该场已实行常年配种繁殖。初配母牛的配种月龄已提前到 18～20 月龄。

第四节　品种标准

一、农业（行业）标准

1985 年，中国草原红牛品种育成。1986 年，由农牧渔业部畜牧局提出，草原红牛育种协作组和育种委员会起草制定了《中国草原红牛》专业标准，编号为 ZBB 43006－86。后来该标准被调整为农业行业标准，编号为 NY－T 24—1986。

2015 年，吉林省农业科学院承担农业部《中国草原红牛》标准修订项目，并对该标准进行了修订。

二、地方标准

为使中国草原红牛饲养和繁育更加规范化，全面推动吉林省草原红牛产业发展。吉林省农业科学院与通榆县三家子种牛繁育场通过对草原红牛各项性能指标的测评，组装配套各单项技术成果，结合吉林省中国草原红牛现实的生产条件和技术发展需求，共同制定了草原红牛品种、育肥、饲养管理和卫生防疫四个吉林省地方标准。并于 2011 年，对上述标准进行了修订，修订后的情况如下。

（1）《中国草原红牛》，编号：DB 22/T 958—2011。本标准规定了中国草原红牛的术语与定义。品种特性、外貌特征、生产性能、等级评定和良种登记。适用中国草原红牛的品种鉴定和等级评定。

（2）《中国草原红牛育肥技术规程》，编号：DB 22/T 961—2011。本规范规定了中国草原红牛育肥术语与定义。育肥牛场建设、育肥牛选择、育肥方式、育肥牛的营养与饲料、饲养管理方法与出栏判定。

本规范适用于中国草原红牛育肥。

（3）《中国草原红牛饲养管理技术规范》，编号：DB 22/T 960—2011。本规范规定了中国草原红牛的犊牛、育成母牛、育成公牛、种公牛、产奶母牛、干奶期母牛、围产期母牛等阶段的饲养和管理。适用于中国草原红牛的饲养与管理。

（4）《中国草原红牛卫生防疫技术规范》，编号：DB 22/T 959—2011。本规范规定了中国草原红牛卫生保健、防疫和检疫。适用于中国草原红牛卫生保健、防疫和检疫。

第三章 品种保护

第一节 保种概况

一、品种保护的重要性

地方品种牛的良种化程度，标志着一个国家畜牧业生产力的发展水平。只有不断提高牛群良种的生产性能，才能创造优质高效的畜牧业。从目前畜牧业比较发达的国家来看，都相当重视保护和培育适合本国国情的良种。我国是养牛大国，草原红牛作为宝贵的地方优良品种，其独特的牛肉风味和高营养的牛奶制品是许多杂交改良牛难以比拟的。

近年来，随着社会上牛杂交改良力度的加大，国家经济发展，草原红牛发展区原先饲养的草原红牛由国营管理逐渐改变为个人私有财产。这使得草原红牛的集中管理变得非常困难。草原红牛养殖户对饲养的草原红牛有权私自处理，受利益驱使，养殖户开始私自改良自家的草原红牛，导致草原红牛血统越来越混杂。纯种草原红牛数量急剧下降，草原红牛的保种及开发利用工作尤为迫切。如果不采取有效措施增加纯种草原红牛数量，势必逐步失去这一珍贵的品种资源。

随着人们生活观念及膳食结构的不断变化，人们对牛肉质量的要求也越来越严格。日本市场上，和牛牛肉的价格要比国外进口的牛肉价格高 2～3 倍，意大利皮埃蒙特牛肉价格则比其他牛肉价格高出 30%。中国草原红牛肉质细嫩、风味独特，具备生产优质、高档牛肉的潜力。因此，加强草原红牛种质资源保护，完善草原红牛良种繁育体系，通过品种保护，选育提高草原红牛，生产优质高档牛肉，满足市场需求，对于保障产业健康发展、提升养殖效益等具有重要意义。

二、保种场概况

通榆县三家子种牛繁育场是吉林省唯一草原红牛保种、供种基地，也是吉林省重点种牛场。该场始建于 1958 年，总面积 10 500 hm^2，其中，耕地 400 hm^2、草原 7 000 hm^2。总场下辖 5 个分场，现有存栏中国草原红牛基础母牛 4 100 头，由职工分户饲养，总户数 350 户，职工 832 人。

多年来，该场始终肩负着中国草原红牛的保种、中国草原红牛核心区和扩繁区的供种任务，同时也是草原红牛饲养、育肥示范场。

（一）研发能力

通榆县三家子种牛繁育场现有职工 832 人，其中专业技术人员 158 人，大中专毕业生 110 人，高级畜牧（兽医）师 8 人，畜牧（兽医）师 22 人，助理畜牧师 47 人，技术员 81 人。多年来与吉林省农业科学院合作完成“吉林草原红牛品种选育”“中国草原红牛品种选育”及国家 863 计划“中国草原红牛肉用新品系选育”等 20 多项国家和省部级科研课题，取得十余项科研成果。其中“中国草原红牛品种选育”分别获得吉林省科技进步奖特等奖、国家科学技术进步奖二等奖。目前承担吉林省科技厅、农发办等草原红牛研发项目，为草原红牛发展奠定了良好的技术基础。

（二）地理位置及区域范围

通榆县三家子种牛繁育场，距通榆县城 23 km，厂址所在地水、电供应等基础设施齐全。该场区占地面积为 50 000 m^2，其中，牛舍建设及办公室饲料库等附属建筑 1 610 m^2。场址远离居民生活区和工业区，四周为草场和农田，空气清新，水源充足，交通方便，防疫条件及饲养环境良好。

（三）自然资源及基础设施

通榆县属中温带半干旱大陆季风气候，年平均气温为 3.8℃，无霜期 150 d，县内有霍林河、额木太河及文牛格尺河三条河流通过，年平均降水量 410 mm。

场区占地面积 5 万 m^2。建筑面积 1 610 m^2，建有办公室、实验室、仓库、种牛室、种牛运动场等，现有深水井 4 座，水源充足，水质符合生活饮用水标准。场区内设有专用供电线路，全部电机与柴油发电机双配套，从而供水、供电设施有保障。

第二节 保种技术措施

中国草原红牛育成后，吉林省农业科学院与通榆县三家子种牛繁育场（以下简称三家子）继续开展其选育提高工作，逐渐形成了中国草原红牛吉林系。该牛适应性强，耐粗饲，以肉、乳产品营养丰富，风味独特而著称，深受中高档消费市场的欢迎。目前，三家子种牛繁育场存栏草原红牛基础母牛 4 000 余头，已经成为吉林省唯一的草原红牛品种资源库。但是，受到三家子体制改革的冲击，1998 年将基础母牛群化整为零到职工户中饲养。在当时，为了加强品种资源保护工作，三家子对于品种保护工作采取了一系列补救措施。通过生产实际效果来看，这种管理方式对红牛选种与选育提高造成了一定程度的影响。为此，在省财政厅和省畜牧业管理局的支持下，在三家子组建了草原红牛供种核心群，用于培育优秀种公牛和种母牛，同时为社会提供优质种源（冻精）来改良当地母牛，从而扩大草原红牛的群体数量，为社会提供更多的优质特色牛肉，满足消费市场对优质特色安全牛肉的需求。

第一，在三家子建一个养殖小区来饲养红牛基础母牛群（图 3－1），建设可以饲养 300 头基础母牛的牛舍（砖瓦舍 6 栋，每栋 50 头）。从三家子养牛户中购买符合吉林省地方标准《中国草原红牛》（DB 22/958—2002）特一级标准的基础母牛 300 头，放到养殖小区内集中饲养管理并组建成红牛保种核心群。在饲养管理上，按照《中国草原红牛饲养技术规程》（DB 22/T 960—2002）进行规范化饲

图 3－1　通榆县三家子草原红牛核心群养殖小区

养，从中选育优秀种公牛作为推广红牛的种源，培育出的优秀母牛充实核心群。

第二，通榆县三家子种牛繁育场现存优秀种公牛生产 2 000～5 000 剂冷冻精液，用于种公牛保种。同时，采集后备公牛冷冻精液，并对采集精液的后备公牛开展后裔测定（图 3－2）。根据后裔测定结果，选择优秀的后备公牛培育成优秀种公牛，生产冷冻精液，实现种群扩繁。

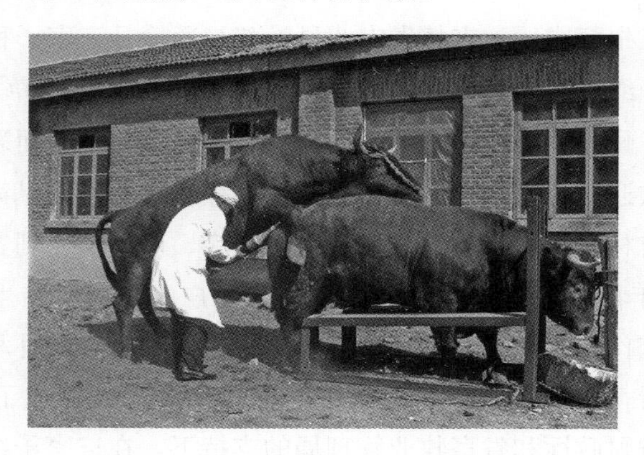

图 3－2　采集中国草原红牛精液

第三，利用组建的红牛核心群成立红牛发展的示范小区，严格按照科学办法进行饲养管理，并采取科学有效的技术路线发展红牛核心群体，主要是依托红牛的优良品种资源与吉林省农业科学院和三家子长期合作的强劲技术优势，采取常规育种方法、BLUP 育种方法与生物技术育种方法相结合，必要时通过适当引入外血的方法进行开放式选育，同时采取较高的淘汰率来提高选择性，全面提高红牛核心群体（图 3－3）的生产性能与遗传稳定性，确保扩繁推广所需要的优秀种源质量。

图 3－3　中国草原红牛核心群

第四，加强后备公牛与后备母牛的培养，不断充实基础母牛群和扩大推广种牛力度。在三家子同时建设育成公牛舍 4 栋（每栋 60 头），育成母牛舍 4 栋（每栋 60 头），将培育出的优秀母牛充实到基础母牛群内，公牛采取严格的选育手段［选育公牛与母牛时全部按照中国草原红牛（DB 22/958—2002）所确定的标准］进行筛选，达到综合评定等级一级以上的个体作为扩繁推广用种牛，用于本交的种公牛进行推广。特别优秀的个体充实到三家子种公牛站进行采精、冻精，用于推广冻精，扩大优秀种公牛的使用率。

第五，对种牛场资料室进行充实。在三家子现有资料室的基础上，建立育种资料电子化管理系统，购置微机及相关设施，增强红牛育种资料的电子版储存力度，并组织专业人员对红牛育种技术资料进行分析、总结，然后利用总结出来的育种结果指导生产，增强选种的科学性、可靠性。

第六，依托吉林省农业科学院常年开展种公牛及核心群母牛（图 3 - 4）培育和筛选工作，通过体型外貌鉴定、生产性能测定以及功能基因挖掘与验证等工作，不断筛选优秀个体补充进入育种核心群，逐步提升群体生产性能。现存栏繁殖母牛 110 头，犊牛 53 头，育成牛 77 头，育肥公牛 50 头，后备公牛 21 头，为中国草原红牛品种保护以及种群选育提高提供种源。

图 3 - 4　吉林省农业科学院中国草原红牛核心群母牛

第三节　性能测定

吉林省农业科学院始终坚持开展中国草原红牛品种选育工作，长期测定核心群体及杂交后代的生长发育性能、屠宰性能、牛肉品质的指标，持续开展相关功能基因挖掘与鉴定工作。

一、性能测定的概念与原则

性能测定是指对家畜个体具有特定经济价值的某一性状的表型值进行评定的一种育种措施。可靠的性能测定及其数据收集是育种工作以及遗传评估技术的先决条件，要做好肉用牛的性能测定工作，必须了解肉用牛的主要经济性状及其遗传规律、度量方法，从而采取相应的措施。性能测定工作一般应该坚持以下原则：

（1）测定结果应具有客观性和可靠性，性能测定工作一般由协会、政府职能部门等机构监督并组织实施。

（2）同一个育种方案中，性能测定的实施必须统一。

（3）性能测定的实施要保持连续性和长期性，群体具有趋于平衡的自然机制，只有长期坚持性能测定，才能巩固选择的效果，否则就会退化。

（4）性能测定指标的选取应随市场需求改变而变化，随着市场的变化和技术的发展，适时调整测定性状，改进测定方法，有条件的可以使用先进的记录管理系统。

根据测定场地可分为测定站测定与场内测定。

测定站测定是指将所有待测个体集中在一个专门的性能测定站或某一特定牧场来统一测定。其优点是可以降低环境条件的变异，客观性强，便于特殊设备的配备和管理。但是其测定的成本较高；测定的规模有限；容易导致疾病的传播；由于改变了测定个体的饲养环境，使测定结果与实际情况产生偏差，代表性不强。

场内测定是指直接在各个生产场内进行性能测定，不要求时间的一致。通常强调建立场间遗传联系，以便于进行跨场际间的遗传评估。

中国草原红牛的性能测定主要采取场内测定的方式。

二、个体标识

个体标识是对牛群管理的首要步骤。个体标识有耳标、液氮烙号、条形码、电子识别标志等，目前常用的主要是耳标识牌。中国草原红牛采用 18 位标识系统登记，即：

2 位品种＋3 位国家代码＋1 位性别＋12 位顺序号

顺序号由 12 位阿拉伯数组成，分四部分组成，见图 3－5：

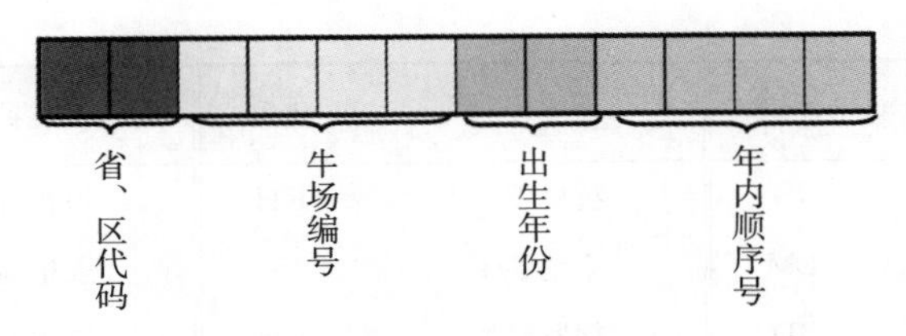

图 3-5　个体标识图示

1. 省、区号的确定　按照国家行政区划编码确定各省（自治区、直辖市）编号，由两位数码组成，第一位是国家行政区划的大区号，例如，北京市属“华北”，编码是“1”，第二位是大区内省市号，“北京市”是“1”。因此，北京编号是“11”。全国各省区编码见表 3-1。

表 3-1　中国牛只各省（自治区、直辖市）编号

省（自治区、直辖市）	编号	省（自治区、直辖市）	编号	省（自治区、直辖市）	编号
北京	11	安徽	34	贵州	52
天津	12	福建	35	云南	53
河北	13	江西	36	西藏	54
山西	14	山东	37	重庆	55
内蒙古	15	河南	41	陕西	61
辽宁	21	湖北	42	甘肃	62
吉林	22	湖南	43	青海	63
黑龙江	23	广东	44	宁夏	64
上海	31	广西	45	新疆	65
江苏	32	海南	46	台湾	71
浙江	33	四川	51		

2. 品种代码　采用与牛只品种名称（英文名称或汉语拼音）有关的两位大写英文字母组成，见表 3-2。

表 3-2　中国牛只品种代码编号

品种	代码	品种	代码	品种	代码
荷斯坦牛	HS	利木赞牛	LM	肉用短角牛	RD
沙西瓦牛	SX	莫累灰牛	MH	夏洛来牛	XL

（续）

品种	代码	品种	代码	品种	代码
娟姗牛	JS	抗旱王牛	KH	海福特牛	HF
兼用西门塔尔牛	DM	辛地红牛	XD	安格斯牛	AG
兼用短角牛	JD	婆罗门牛	PM	复州牛牛	FZ
草原红牛	CH	丹麦红牛	DM	尼里/拉菲水牛	NL
新疆褐牛	XH	皮埃蒙特牛	PA	比利时兰牛	BL
三河牛	SH	南阳牛	NY	德国黄牛	DH
肉用西门塔尔牛	SM	摩拉水牛	ML	秦川牛	QC
南德文牛	ND	金黄阿奎丹牛	JH	延边牛	YB
蒙贝利亚牛	MB	鲁西黄牛	LX	晋南牛	JN

3. 编号的使用及说明

（1）牛场编号是4位数；不足四位数以0补位。

（2）牛只出生年度的后2位数，例如，2002年出生即写成“02”。

（3）牛只年内出生顺序号4位数，不足4位的在顺序号前以0补齐。

（4）公牛为奇数号，母牛为偶数号。

（5）在本场、种公牛站进行登记管理时，可以仅使用6位牛只编号。牛号必须写在牛只个体标示牌上，耳牌佩戴在左耳。

（6）在牛只档案或谱系上必须使用12位标示码；如需与其他国家、其他品种牛只进行比较，要使用18位标示系统，即在牛只编号前加上2位品种编码、3位国家代码和1位性别编码。

（7）对现有的在群牛只进行登记或编写系谱档案等资料时，如现有牛号与以上规则不符，必须使用此规则进行重新编号，并保留新旧编号对照表。

（8）中国草原红牛严格按照上述规则编号。同时，引入电子耳标管理系统，利用电子耳标识别器，识别电子耳标号；与规定的个体编号同时使用，管理牛群。

三、主要经济性状

肉牛性能测定所涉及的性状应该具有一定的价值或与经济效益紧密相关，一般分为生长发育性状、肥育性状、胴体性状、肉质性状和繁殖性状5类。

1. 生长发育性状　生长发育性状指初生重、断奶重、周岁重、18月龄重、24月龄重、成年母牛体重、日增重及外貌评分，各年龄阶段的体尺性状，这类性状为中等遗传力。

2. 肥育性状　肥育性状是指育肥开始、育肥结束及屠宰时的体重、日增重、外貌评分、饲料转化率等。

3. 胴体性状　胴体品质是衡量一头肉用牛经济价值的最重要指标，因而也是肉用牛性能测定的最重要组成部分，主要包括热胴体重、冷胴体重、胴体脂肪覆盖率、屠宰率、净肉率、背膘厚、眼肌面积、部位肉产量等屠宰性状；如果应用超声波技术，超声波活体测定一般用于背膘厚、眼肌面积、肌内脂肪含量、背部肉厚、臀部脂肪厚度等性状。

4. 肉质性状　肉质是一个综合性状，其优劣是通过许多肉质指标来判定等级，常见的有肉色、大理石纹、嫩度、肌内脂肪含量、脂肪颜色、胴体等级、pH、系水力和风味等指标。

5. 繁殖性状　描述母牛繁殖性能的指标有：产犊间隔、初产年龄、女儿难产度、直接难产度等；公牛繁殖性能的指标有：发情期一次受胎率、精液产量、睾丸围以及各项精液品质指标。

四、主要经济性状的测定方法

1. 体尺测定　体尺测定项目主要有体高、十字部高、体斜长、胸围、腹围和管围。具体的测量部位以及起止点见图3-6。

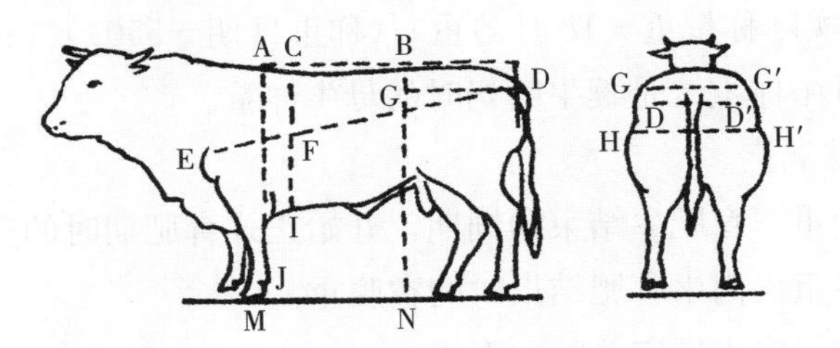

图3-6　牛体尺测量部位示意图

（1）体高（A-M）　鬐甲中部沿前股后缘垂直到地面的高度，用直尺或软尺测量。

（2）十字部高（B-N）　十字部到地面的垂直高度，用直尺或软尺测量。

（3）体斜长（E-D）　肩端前缘到坐骨端外缘的直线长度，用软尺测量。

(4) 胸围（C-F-I-F-C） 鬐甲后垂直围绕通过胸基的围度，用软尺测量。

(5) 腹围 腹部至背部周长的最大围度，用软尺测量。

(6) 管围（J） 左前肢管部上 1/3 处的最小围度，用软尺测量。

2. 生长发育性状测定 用校正标准的称重器空腹称肉牛各生长发育阶段的体重。

(1) 初生重 犊牛出生后吃初乳前的活重。

(2) 断奶重 犊牛断奶时的空腹活重。为管理方便，可将断奶日期相近的犊牛集中在某一天称重，但要记录准确的断奶日龄，可采用如下公式计算断奶重：

断奶重＝(实际称量重－初生重)/称重日龄×断奶日龄＋初生重

(3) 205 日龄重 考虑到中国草原红牛饲养管理条件的差异，不可能在同一日龄断奶。因此，统一使用 205 日龄重，计算方法如下：

计算的 205 天重＝(实际断奶重－初生重)/断奶日龄×205＋初生重

(4) 周岁重 青年牛 12 月龄空腹重。如果不能及时称重，采用与断奶重相似的计算方法。公式为：

周岁重＝(实际称量重－205 日龄重)/(称重日期－205)×160＋205 日龄重

(5) 18 月龄重 青年牛 18 月龄空腹重。也可采用公式计算：

18 月龄重＝(实际称量重－周岁重)/(称重日期－365)×180＋周岁重

(6) 24 月龄重 青年牛 24 月龄空腹重。相应的计算体重为：

24 月龄重＝(实际称量重－18 月龄重)/(称重日期－550)×180＋18 月龄重

(7) 成年母牛体重 是犊牛断奶时的母牛体重。

3. 育肥性状测定

(1) 育肥始重 育肥牛结束预饲期，开始正式育肥期时的空腹重。

(2) 育肥终重 肉牛育肥结束时的空腹重。

(3) 屠宰重 肉牛屠宰前的空腹重。

(4) 育肥期日增重 肉牛正式育肥期（不包括预饲期）的总增重除以育肥天数。

(5) 采食量 牛只在某一生长阶段的饲料消耗量。

(6) 饲料转化率 每单位增重所消耗的饲料，通常以料重比表示。在粗料自由采食的情况下，也可用精饲料消耗量来表示。

4. 胴体性状测定　屠宰前 24 h 停止进食，保持安静的环境和充足的饮水，宰前 8 h 停水称重，此为宰前活重。

屠宰时，在肉牛颈下缘喉头部割开血管放血；剥皮后，沿头骨后端和第一颈椎间断去头；从腕关节处切断去前蹄，从跗关节处切下去后蹄；从尾根部第 1 至第 2 节切断去尾；沿腹侧正中线切开，纵向锯断胸骨和盆腔骨，切除肛门和外阴部，分离连结壁的横膈膜。除肾脏和肾脂肪保留外，其他内脏全部取出，切除阴茎、睾丸、乳房，沿背中线劈开两半称重。然后转入 0～4 ℃排酸间成熟，48 h 后分割。

（1）热胴体重　活体去血、皮、内脏（不含肾脏和肾脂肪）、头、腕关节以下的四肢、尾、生殖器官及周围脂肪后的实测重量。

（2）冷胴重　胴体转入成熟间 48 h 后，屠宰分割前的实测重量。

（3）背膘厚　用游标卡尺测量第五至第六胸椎间离背中线 3～5 cm，相对于眼肌最厚处的皮下脂肪厚度。

（4）眼肌面积　在第 12 肋骨后缘处，将脊椎锯开，然后用利刀切开 12～13 肋骨间，在 12 肋骨后缘用硫酸透明纸描出眼肌面积，用求积仪或用方格透明卡（每格 1 cm^2）计算眼肌面积。

（5）净肉重　胴体剔骨后全部肉重。

（6）屠宰率　热胴体重与宰前活重的比，用百分数表示。

（7）净肉率　净体重与宰前活重的比，用百分数表示。

（8）部位肉产量　在 300 kg 标准胴体体重下，肉牛间的零售产量的百分比。一般认为，具有大的估计育种值的公牛，其后代胴体重较高。

5. 肉质性状测定　牛肉品质是综合性指标，其优劣由许多肉质指标综合评定。

（1）肌内脂肪　存在于肌外膜、肌束膜，甚至肌内膜上，营养状况好的家畜，其肌纤维膜的毛细血管上也有脂肪。与牛肉风味有很大的关系，肌肉内脂肪均匀地分布于肌肉组织，与肌肉中的膜蛋白质紧密结合在一起。

（2）肌间脂肪　就是肌纤维束之间的脂肪。

（3）大理石纹　牛背最长肌在第 12～13 肋间处横断面内，可见脂肪的分布情况。美国大理石纹评定分为 6 个标准，可参考使用。

（4）pH　屠宰后 45～60 min 内，在倒数 3～4 肋间测背最长肌的 pH（用 pH 测定仪或 pH 试纸），记录 pH_1。将胴体在 0～4 ℃下冷却 24 h，而后测后腿肌肉的 pH，记录 pH_{24}。

（5）滴水损失　指肌肉保持其原有水分的能力。在屠宰后 2 h 内取样，切取倒数第 3～4 肋间处眼肌，将肉样切成 2 cm 厚的肉片，修成长 5 cm、宽 3 cm 的长条，称重，用细铁丝钩住肉条的一端，使肌纤维垂直向下，悬挂于塑料袋中（肉样不得与塑料袋壁接触），扎紧袋口后吊挂于冰箱内，在 4 ℃条件下保持 24 h，取出肉条并用洁净滤纸轻轻拭去肉样表层汁液后称重，按下式计算结果：

滴水损失＝(吊挂前肉条重－吊挂后肉条重)/吊挂前肉条重×100％

在实际肉牛生产中，常用胴体成熟前后的失水率表示，即：

滴水损失＝(成熟前胴体重－成熟后胴体重)/成熟前胴体重×100％

（6）嫩度（剪切力）　垂直于肌纤维方向切割 2.5 cm 厚的肉块，放于蒸煮袋中，尽量排出袋内空气，将袋口扎紧，在 80 ℃水浴锅中加热，当牛肉的中心温度达到 70 ℃时，取出冷却，然后用圆孔取样器顺肌纤维方向取样，在嫩度计上测定其剪切力值，一般重复 5～10 次，取平均值。

6. 繁殖性状测定

（1）睾丸围　指阴囊最大围度的周长，与生精能力和女儿初情期年龄呈正相关，以 cm 为单位，用软尺或专用工具在 14、18、24 月龄时分别测量（图 3－7）。

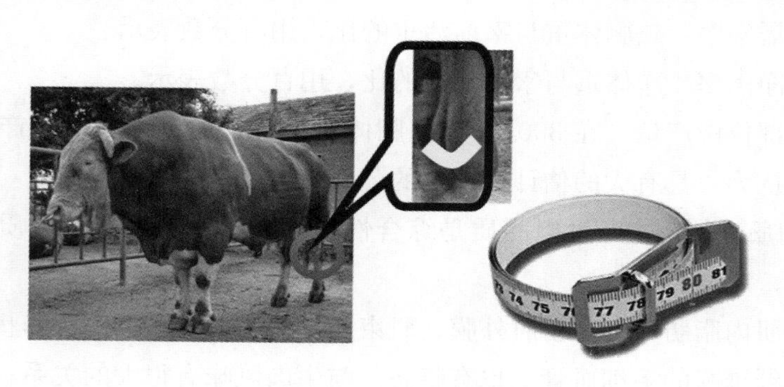

图 3－7　睾丸围测量示意图

（2）初产年龄　母牛头胎产犊时的年龄。

（3）产犊间隔　母牛前、后两胎产犊日期间隔的天数。

（4）情期一次受胎率　第一次配种就受胎的母牛数，占第一情期配种母牛总数的百分率。这个性状既是公牛繁殖能力的体现，也是母牛群繁殖能力的整体指标。

一次授精情期受胎率=(情期一次输精受胎母牛头数/情期一次配种母牛总数)×100%

母牛情期一次受胎率=(情期受胎母牛头数/情期参加配种母牛总数)×100%

(5) 难产度　产犊的难易程度。一般分为四个等级，分别用1、2、3、4表示。

顺产：母牛在没有任何外部干涉的情况下自然生产，记录为1；

助产：人工辅助生产，记录为2；

引产：用机械等牵拉的情况下生产，记录为3；

剖腹产：采用手术剖腹助产，记录为4。

7. 体型外貌评分　中国草原红牛体型外貌实行百分制评定法。按七个项目评分，根据每个部位与生产性能的相关程度，分别订出不同标准分，评定时按个体状况与标准对比酌情给分，满分为100分。公牛在3、4、5岁各鉴定一次，母牛在前三产次的秋季体况（膘情）正常时进行。具体指标见表3-3。

表3-3　外貌鉴定评分表

项目	标　准	标准分	
		公	母
整体结构	品种特征明显，体质结实，结构匀称呈长方形，肌肉丰满，被毛枣红色，公牛雄性特征明显	35	30
头颈	头大小适中，头颈结合良好	10	5
前躯	颈肩结合良好，鬐甲宽平，胸宽深，肋开张，两侧丰满	15	10
中躯	母牛发达，公牛紧凑，背腰平直	10	10
后躯	尻长、宽、平，大腿肌肉丰满，公牛睾丸大	15	15
乳房	乳房发达良好，向前后伸展，附着紧凑，乳房大小适中，分布均匀	—	20
四肢	四肢结实，肢势端正，蹄形正，蹄质结实	15	10
合计		100	100

8. 超声波活体测定　在性能测定过程中，当个体不适合屠宰，而胴体或肉质性状数据又非常必要时，可应用超声波活体测定。应用超声波测定的活体性状通常有：肌内脂肪含量、眼肌面积、背膘厚和臀部脂肪厚等（图3-8）。

(1) 肌内脂肪含量　超声波探头置于牛第12～13肋间，背最长肌上方，探头纵向与背最长肌平行，显示器可自动显示QIB指数，即肌内脂肪含量。

(2) 背膘厚　超声波探头置于牛第12～13肋间，背最长肌上方，探头纵向与背最长肌平行，即可显示背膘厚，用 cm 来衡量。

（3）眼肌面积　超声波探头置于第 12～13 肋骨间的背最长肌上方，探头纵向与背最长肌垂直，即显示眼肌面积，用 cm^2 来衡量。

（4）臀部脂肪厚　臀部脂肪的厚度，用 cm 来衡量。

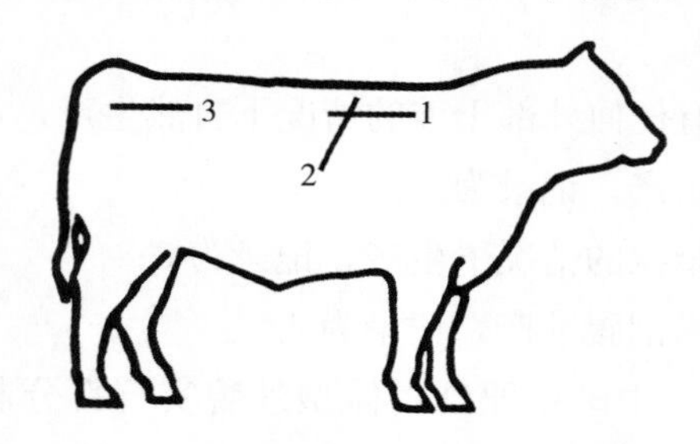

图 3-8　超声波活体测定部位示意图

1. 背膘厚、肌内脂肪含量　2. 眼肌面积　3. 臀部脂肪厚

第四节　种质特性研究

在中国草原红牛培育过程中，以 MOET 育种方案及分子数量遗传学方法为主导，建立分子育种与常规育种手段相结合的实用育种技术体系；利用 PCR-SSCP、微卫星标记、基因测序等现代分子生物学技术，从分子水平上检测、分析草原红牛遗传特征、个体间的遗传差异，研究性状间的遗传关系和性状遗传机理，提高了中国草原红牛种畜选择的效率。

一、遗传参数

根据通榆县三家子种牛繁育场的育种与生产记录，对主要性状的表型参数进行了分析。

体尺、体重参数：18 月龄体高为 109.60 cm，体长为 122.65 cm，胸围为 150.08 cm，管围为 16.23 cm；初生重为 33.08 kg，6 月龄体重 126.51 kg，18 月龄体重 251.46 kg。从性别效应分析，公牛的各项指标高于母牛。

主要性状的遗传相关与遗传力：初生重与 6 月龄、12 月龄体重间的相关系数 0.49 和 0.65，说明出生重对 6 月龄、12 月龄体重的影响较大。

遗传力计算结果：初生重和 6 月龄体重的遗传力为 0.36，12 月龄为 0.25；18 月龄体高的遗传力为 0.40，体长为 0.42，胸围为 0.37，管围为 0.59。

二、草原红牛的细胞遗传学特征研究

草原红牛二倍体细胞的染色体数目为2n＝60，与黄牛的染色体数目一致。在所观察的细胞中，染色体数目为60条的细胞占86％。草原红牛染色体数目为60条，配成30对，常染色体29对，皆为端着丝点，性染色体为1对（表3－4）。公牛为XY，母牛为XX，X染色体为亚中着丝点，Y为中间着丝点。草原红牛染色体的长度（表3－5），且由大到小依次递减，相邻染色体除大小略有差异外，就核型而论，并无质上的差别。所以对草原红牛的常染色体只按相对长度排列，不分组。将性染色体排在最后。

表3－4　草原红牛二倍体染色体数目

性别	观察细胞数	二倍体染色体的数目			2n＝60的频率（％）
		＜2n	2n	＞2n	
♀	50	4	43	3	86
♂	50	5	43	2	

表3－5　草原红牛常染色体的相对长度

染色体号	相对长度（％）	染色体号	相对长度（％）
1	6.057±0.010	15	3.115±0.107
2	5.069±0.081	16	3.095±0.105
3	4.986±0.186	17	2.980±0.074
4	4.746±0.054	18	2.735±0.011
5	4.445±0.062	19	2.703±0.005
6	4.265±0.030	20	2.556±0.035
7	4.234±0.047	21	2.477±0.062
8	4.173±0.108	22	2.292±0.025
9	3.970±0.029	23	2.131±0.005
10	3.696±0.133	24	2.107±0.025
11	3.410±0.107	25	2.015±0.064
12	3.278±0.169	26	1.924±0.035
13	3.230±0.152	27	1.807±0.021
14	3.187±0.144	28	1.745±0.078
		29	1.498±0.182

草原红牛性染色体的相对长度、臂比和着丝粒指数（表3-6）。X染色体属于亚中着丝点，Y染色体属中间着丝点，与报道的黄牛结果一致。

表3-6 草原红牛X和Y染色体的相对长度、臂比和着丝粒指数

染色体	相对长度	臂比	着丝粒指数
X(sm)	5.985±0.202	2.503±0.408	37.245±0.852
Y(m)	2.218±0.475	1.235±0.024	40.188±1.88

三、草原红牛遗传距离

利用IDVGA-2（D2S7），IDVGA-46（D19S18），TGLA-44（D2S3），ETH10（D5S3），ETH225（D9S1），BM2113（D2S26），IDVGA-44，IDVGA-55（D18S16）这8对微卫星DNA位点对草原红牛、夏洛来牛、西门塔尔牛、利木赞牛、蒙古牛等5个品种的遗传距离进行了检测（表3-7、表3-8），结果表明5个群体的遗传距离介于0.234 8～0.418 4，其中草原红牛与西门塔尔牛之间遗传距离最大，为0.418 4；草原红牛与蒙古牛之间遗传距离最小，为0.278 6，这与育种历史相吻合。

表3-7 8种微卫星引物及其PCR反应条件

微卫星（D号码）	重复单位	产物	引物序列	染色体位置	Mg^{2+}浓度	退火温度（℃）
IDVGA-2（D2S7）	（AC）10	132	GTAGACAAGGAAGCCGCTGAGG GAGAAAAGCCAAGAGCCAGACC	2q45	0.75	65/60
IDVGA-46（D19S18）	（AC）11	205	AAATCCTTTCAAGTATGTTTTCA ACTCACTCCAGTATTCTTGTCTG	19q16	1.5	50
TGLA-44（D2S3）			AACTGTATATTGAGAGCCTACCATG CACACCTTAGCGACTAAACCACCA	2q	1.5	65/60
ETH10（D5S3）		210～226	GTTCAGGACTGGCCCTGCTAAACA CCTCCAGCCACTTTCTCTTCTC	5q		61
ETH225（D9S1）		140～156	GATCACCTTGCCACTATTTCCT ACATGACAGCCAGCTGCTACT	9q		61
BM2113（D2S26）		125～143	GCTGCCTTCTACCAAATACCC CTTCCTGAGAGAAGCAACACC	2	1.5	58

（续）

微卫星（D号码）	重复单位	产物	引物序列	染色体位置	Mg^{2+}浓度	退火温度（℃）
IDVGA-44	（AC）19	211	GGGAGAATGGATGGAACCAAAT TTCGAAGACGGGCAGACAGG	19q22	1.0	60
IDVGA-55（D18S16）	（AC）12	199	GTGACTGTATTTGTGAACACCTA TCTAAAACGGAGGCAGAGATG	18q24	0.75	55/50

表3-8　8对微卫星位点在5个品种牛群体中的遗传特性

位点	草原红牛（PIC）	蒙古牛（PIC）	夏洛来牛（PIC）	利木赞牛（PIC）	西门塔尔牛（PIC）	平均（PIC）	杂合度H（j）
IDVGA-2	0.722 3	0.623 7	0.694 3	0.703 1	0.687 4	0.686 1	0.733 7
IDVGA-46	0.749 3	0.605 0	0.667 5	0.375 0	0.584 9	0.596 3	0.660 2
TGLA-44	0.671 3	0.685 4	0.671 3	0.667 5	0.535 5	0.646 2	0.700 1
ETH10（D5S3）	0.584 9	0.675 6	0.375 0	0.554 7	0.600 3	0.558 1	0.630 2
ETH225	0.671 5	0.581 5	0.535 5	0.671 3	0.304 7	0.552 9	0.615 8
BM2113	0.508 9	0.457 0	0.345 7	0.304 7	0.239 2	0.371 1	0.417 4
IDVGA-44	0.761 2	0.681 6	0.699 6	0.554 7	0.718 6	0.683 1	0.728 4
IDVGA-55	0.596 5	0.621 8	0.547 8	0.395 0	0.554 7	0.543 1	0.615 3
均值	0.658 23	0.616 45	0.567 08	0.528 25	0.528 16		
各位点杂合度H(j)	0.695 3	0.667 0	0.638 2	0.602 0	0.585 8		

根据各群体各微卫星位点的等位基因频率，利用PPAP软件，计算各群体间的遗传距离（表3-9）。根据遗传距离应用平均非加权成组配对法（Unweighted Pair Group Method using an Arithmetic average，UPGMA）做出亲缘关系聚类图（图3-9）。草原红牛先和蒙古牛聚为一类，再与夏洛来牛聚为一类，然后再与利木赞牛聚为一类，最后与西门塔尔牛聚为一类。

表3-9　5个品种牛群体间的遗传距离

群体	RSC	CH	LM	MG	SM
RSC	0.000 0	0.305 9	0.389 2	0.278 6	0.418 4
CH	0.305 9	0.000 0	0.245 6	0.422 2	0.407 9
LM	0.389 2	0.245 6	0.000 0	0.383 2	0.285 9

（续）

群体	RSC	CH	LM	MG	SM
MG	0.278 6	0.422 2	0.383 2	0.000 0	0.234 8
SM	0.418 4	0.407 9	0.285 9	0.234 8	0.000 0

注：草原红牛（SRC）、蒙古牛（MG）、夏洛来牛（CH）、利木赞牛（LM）、西门塔尔牛（SM）；数据来源《草原红牛微卫星 DNA 多态性的研究》。

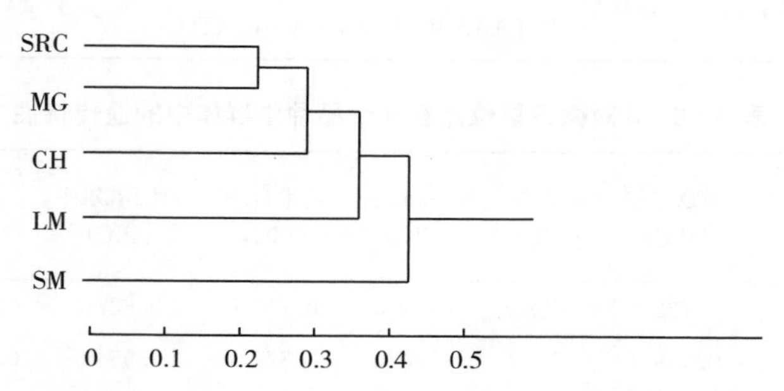

图 3－9　5 个品种牛群体间的 UPGMA 亲缘关系树状图

群体间遗传距离是测定不同群体亲缘关系的标准，弄清群体间亲缘关系远近又对了解群体间的分化程度、利用杂种优势理论指导实际生产有着重要意义。

第五节　良种登记与建档

实行良种登记和生产性能测定是育种工作的基础。只有在此基础上，才能建立起有效的制种体系，生产和选择优秀个体，用于新品种牛的推广应用，以实现产业化生产。

作为一头种畜或候选种畜，要求要有完整的系谱记录和个体信息表（表 3－10）。所谓系谱就是一个要标明个体的父母亲、祖先及其相关个体信息的材料，除了纸质材料外，还需要有一个完善的育种资料数据库管理系统对这些数据进行规范化管理。

一、登记的性状

（一）生长发育性状

中国草原红牛个体需要登记初生重、断奶重、周岁重、18 月龄重、24 月

表 3-10 肉牛谱系及个体信息表 登记日期

耳标号	登记号	出生日期

性别	各品种血统比例	是否多胎	是否胚移个体	相关 DNA 检测信息
来源			现所属场站	

体尺测量						
测定日期	髻甲高	十字部高	体斜长	胸围	腹围	管围

谱系			
亲代信息	登记号	出生日期	备注
祖父			
父号			
祖母			
外祖父号			
母号			
外祖母			

个体性能					
初生重	断奶重	校正断奶重	周岁重	18 月龄重	24 月龄重

超声波测定						
测定日期	背膘厚	眼肌面积	大理石花纹	腰部肉厚	肌肉脂肪含量	
EPD（预期后裔差）						
难产度	初生重	断奶重	周岁重	母性难产度	母性断奶重	泌乳能力
EPD	EPD	EPD	EPD	EPD	EPD	EPD
ACC	ACC	ACC	ACC	ACC	ACC	ACC

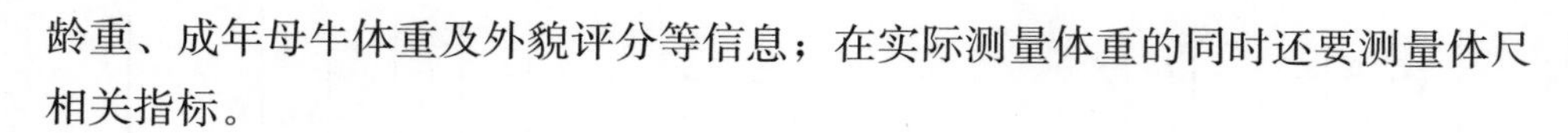

龄重、成年母牛体重及外貌评分等信息；在实际测量体重的同时还要测量体尺相关指标。

（二）繁殖性状

公牛和母牛的繁殖性状不尽相同，在日常生产中，需要测定公牛的睾丸围、情期一次受胎率、精液产量、精液活力、精液密度、颜色、解冻后活力等；需要测定母牛的初情期、初产年龄、产犊间隔、难产度、发情周期等。

（三）超声波活体测定

超声波性能测定包括背膘厚、眼肌面积、大理石纹级别和肌内脂肪含量等指标。

二、记录系统

个体性能测定的记录体系是育种场或育种群应该做的常规育种记录，包括系谱、繁殖（配种及产犊）、生长发育、疾病、群体变化情况等方面的记录，如果是公牛站，还应有采精及精液品质记录，小公牛本身的性能测定还要有饲料消耗记录。因此，需要填写母牛配种记录表、母牛产犊记录表、生长发育记录表、疾病情况记录表以及群体变化情况表等。在完成纸质版的记录后，要及时录入计算机形成数据库。详见表 3－11 至表 3－15。

表 3－11　母牛配种记录

畜主姓名（场、站名）：　　所在地：　　畜主编号（场编号）：　　记录员：

母牛号	母牛品种	毛色特征	第一次配种时间	与配公牛	第二次配种时间	与配公牛	第三次配种时间	与配公牛	预产期

表 3－12 母牛产犊记录

畜主姓名（场、站名）： 所在地： 畜主编号（场编号）： 记录员：

母牛号	母牛品种	产犊日期	胎次	犊牛编号	犊牛性别	犊牛出生重	犊牛毛色	产犊难易度				备注（是否双胎等）
								顺产	助产	引产	剖腹产	

表 3－13 生长发育记录

畜主姓名（场、站名）： 所在地： 畜主编号（场编号）： 记录员：

牛号	体重（kg）	体重测定日期	体尺（cm）						体尺测量日期
			体高	十字部高	体斜长	胸围	腹围	管围	

表 3－14 疾病情况记录

畜主姓名（场、站名）： 所在地： 畜主编号（场编号）： 记录员：

牛号	品种	畜龄	性别	发病日期	疾病名称	处理结果

表 3－15 群体变化情况

畜主姓名（场、站名）： 所在地： 畜主编号（场编号）： 记录员：

牛号	品种	畜龄	性别	购入日期或本地出生日期	购入地或出生地	离群日期	离群去向	离群原因

三、测定和记录原则

（1）制订测定日志，每一项测定要求测定前一天做好准备。

（2）严格按要求进行测定，做到及时准确，按时记录。

（3）对于劳动量大、测定困难的体重类性状，初生重除外，要按着日期相近原则进行分组测定，但与要求日期不得相差 30 d，测定时务必注明测定日期。

第四章 品 种 选 育

品种选育是肉牛育种中最重要的一环，是选种和推广一体化工程中的“龙头”。在肉牛产业发展中占有极其重要的位置。

第一节　本品种纯种选育

本品种纯种繁育是指在品种内部，同品种的公牛和母牛的选配、繁殖，通过选种选配、品系繁育，改善饲养条件等措施，不断提高本品种的生产性能。

一、本品种纯种选育目标

本品种选育的基本目标是保持和发展中国草原红牛的优良特性，增加品种内优良个体的比重，达到保持品种纯度、提高整个品种质量的目的。

选留 8 个血统的草原红牛，成年公牛体重 950 kg 以上，体高 150 cm 以上。成年母牛体重 500 kg 以上，体高 130 cm 以上；三产母牛泌乳量 3 700～4 500 kg。

二、本品种纯种选育技术方案及实施措施

制订选种选配计划，利用优秀的中国草原红牛公牛（冷冻精液）选配中国草原红牛母牛，生产纯种中国草原红牛后代。通过体型外貌评定、生产性能测定和功能基因筛选等技术，筛选生长速度快、育肥效果好、牛肉品质优的中国草原红牛补充更新核心群，逐步提高草原红牛的生产性能。

（一）建立核心群

在育种群中建立起生产性能记录制度，通过精心编制配种计划，测定其后

代的生产性能，当这些优秀者被确认为具有良好的遗传结构时，便自然而然地形成了本品种选育的核心群。

1. 品种结构　为的是把主要的育种工作放到最优秀的牛群上，使生产性能尽快地提高，并有计划地推广扩散。构建核心群、种畜繁殖群和商品生产群3个等级结构。

2. 核心群与合作育种体系　通过确定育种目标和分享种畜资源，挑选最优秀的繁殖母牛，组成核心群。核心群的数量要足够大，以便开展有效的选种，同时也可以避免不必要的近交。

（二）种牛选择标准

1. 公牛、母牛选择标准

（1）公牛选择标准　中国草原红牛种公牛的选择以后裔鉴定结果为主，结合外貌、体重评定。根据品种标准及群体的实际情况，按血统继代，应用综合等级评定法选留比较优秀的种公牛，同时对后备公牛进行后裔测定。建立准确、全面的个体生产性能测定系统，利用大量的后裔性能数据，通过BLUP育种值结果选择优秀种公牛，并在此过程中生产新的种公牛。后裔测定方法采用同期同龄比较法。每年从两个血统公牛后代中各选定一头后备公牛（18月龄）开始采精，制作冷冻精液贮存，并各选配初配母牛50～60头，根据其后代的初生重、6月龄体重、外貌进行评定。

公牛在后裔结果未评出以前，综合等级评定以血统等级为主，血统等级以父系为主，如果母系等级低于父系两级，则个体降低一级；同时，结合个体体型外貌评分、体重以及相对育种值（指某个公牛育种值与群体育种值的百分比）进行评定，但不得评特级。品种特征不符合中国草原红牛标准的，不予鉴定。

以后裔鉴定结果为主，结合外貌、体重评定，其综合等级评定标准如下：

特级：相对育种值为110%以上，外貌、体重为特一级者。

一级：相对育种值为105%以上，外貌、体重为一级以上者，或有一项为二级者。

二级：相对育种值为100%以上，外貌、体重为二级以上者。

以血统等级为主（血统等级以父系为主，母系等级低于父系两级者，降低一级），结合本身外貌、体重评定，但不得评特级，其综合等级评定标准如下：

一级：三项均为一级者，或一项为特级、一项为二级者。

二级：三项为二级者，或一项为一级以上、一项为三级者。

（2）母牛选择标准 中国草原红牛母牛的选择需要综合评价其体型外貌、体重、泌乳量和乳质量等指标。等级达到一级及以上的优秀母牛组成核心群，凡品种特征不符合规定的母牛不予良种登记。基本符合品种要求，但与标准尚有一定差距者，可根据表现程度，在品种特征项目中适当扣分。

凡具有狭胸、靠膝、交杂、跛行、凹背、凹腰、尖尻、立系、卧系等缺陷而表现严重者，在母牛只能评为二级以下（包括二级），公牛只能评为三级以下（包括三级）。成年母牛综合等级评定，其等级标准如下：

特级：产奶性能为特级，外貌、体重在一级以上者。

一级：产奶性能为一级，外貌、体重在二级以上者，或产奶性能为特一级，外貌、体重在三级以上者。

二级：产奶性能为二级，外貌、体重在三级以上者，或产奶性能为特一级，外貌、体重在三级以上者。

三级：产奶性能为三级，外貌、体重为三级以上者。

中国草原红牛品种育成后，制定了中华人民共和国专业标准《中国草原红牛》（ZBB 43006－86）；之后该标准被调整为农业行业标准《中国草原红牛》（NY－T 24—1986）。其中具体规定了种牛的选择指标。

2. 公牛、母牛选择技术 中国草原红牛种牛选择主要由系谱选择、直接测定和后裔测定三种方法结合进行。后裔测定是根据母牛群的年龄和系统进行分类，再由各分类群中任意选出的母牛群组成几个组，然后将要进行后裔测定的种公牛随机分别与各繁殖组的母牛交配，所生的后代牛逐月逐年进行生长发育、饲料报酬、日增重的测定。

在开展综合评定之前，首先评定体重等级。体重评定，以实际空腹称重为准。若无称重条件，按下列公式估算：

$$体重\ (kg)=胸围^2\ (cm^2)\times 体斜长\ (cm)/12\ 000$$

种公牛综合评定，以后代品质为主，参考其他各项等级。如未经后代品质评定的种公牛，暂按本身体质外貌、体尺和体重、等级进行综合评定，但不能评为特级。

后备种公牛和母牛的综合评定指数根据体质外貌、体尺和体重三项指标按下列公式进行评定。

$$综合选择指数(I)=0.35W1+0.25W2+0.4W3$$

其中：$W1$ 为外貌评分；

$W2$ 为体尺评分；

$W3$ 为体重评分。

进行综合评定时，须参考其父母血统等级。如父母双方总评等级均高于本身总评等级两级，可将总评等级提升一级；反之，如父母双方总评等级低于本身总评等级两级，可将总评等级降低一级。

第二节　本品种杂交选育

杂交选育即杂交育种，是指将两个或多个品种的优良性状通过交配集中在一起，再经过选择和培育，获得新品种的方法。可以将双亲控制不同性状的优良基因结合于一体，或将双亲中控制同一性状的不同微效基因积累起来，产生在各该性状上超过亲本的类型。正确选择亲本并予以合理组配是杂交育种成败的关键。

中国草原红牛品种育成后，为了进一步提高其泌乳量和产肉量，设计了新种群选育方案。首先，以丹麦红牛为父本改良中国草原红牛母牛，选育含有25%丹麦红牛血的草原红牛后代，构建草原红牛乳用品系。其次，以利木赞牛为父本改良中国草原红牛母本，选育含有 25%利木赞牛血的草原红牛后代，构建草原红牛肉用品系。再将乳用品系和肉用品系横交固定培育新品种。

随着社会的发展，为了进一步提高中国草原红牛牛肉品质，又以红安格斯牛为父本，以中国草原红牛为母本，选育含有 25%红安格斯血的草原红牛，构建草原红牛肉用新品系。

一、乳用品系选育

中国草原红牛育成后，为了提高其乳用性能，吉林省农业科学院肉牛专家经过多次探讨和论证，决定利用丹麦红牛改良中国草原红牛以提高其泌乳性能。

1987 年开始，彭宇年（1987—1991 年）、胡成华在通榆县三家子种牛繁育场开展草原红牛导入丹麦红牛血的试验，经过十几年的选育，产奶量大幅度提高。据 2001—2003 年调查结果，含 1/4 丹麦红牛血液的草原红牛产奶量

3 145.88 kg，最高个体 5 329.85 kg，比草原红牛品种验收时 1 662.62 kg 和 3 345 kg，分别提高了 89.21%和 59.34%。初步建立了草原红牛乳用品系基础群。图 4－1 和图 4－2 分别为中国草原红牛乳用品系公牛和中国草原红牛乳用品系母牛。

图 4－1　中国草原红牛乳用品系公牛

图 4－2　中国草原红牛乳用品系母牛

（一）育种路线

1987 年由彭宇年、胡成华等研究人员开始有计划地导入丹麦红牛血试验，以提高其产乳能力。具体杂交路线见图 4－3。

1984 年年底，中国农牧渔业部由丹麦引入丹麦红牛种公牛 3 头，初配母牛 15 头，分配给吉林省农业科学院畜牧所饲养、繁育。利用丹麦红牛公牛冷冻精液，采用人工授精方法进行配种草原红牛母牛，生产含 1/4 丹麦红牛血的草原红牛后代，经横交固定，形成这个草原红牛乳用品系。

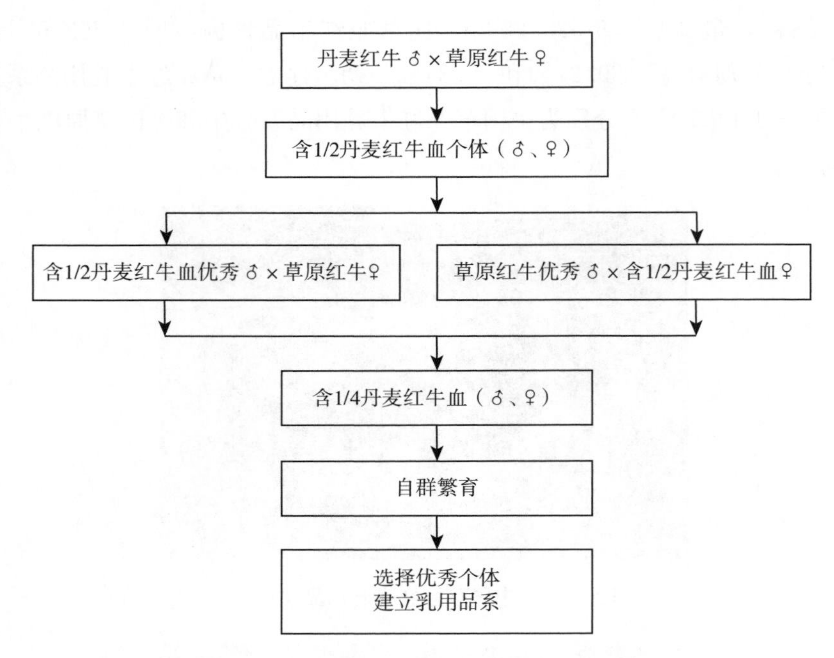

图 4-3　中国草原红牛乳用品系选育方案

（二）生产性能

1. 体型外貌　经对 682 头含丹麦红牛血的犊牛观察记录，草原红牛导入丹麦红牛血后 96.8%的牛毛色为红色、深红色，毛色遗传比较稳定。约有 30%的个体出现黑鼻镜、黑眼圈和黑嘴巴等缺点，这与有些丹麦红牛导入瑞士褐牛血有关，可以通过选种来解决。从整体结构来看，体型更趋于乳用品种。

2. 发育情况

（1）初生情况　累计测定了 517 头草原红牛，557 头含有 50%丹麦红牛血的草原红牛（丹草 F_1）以及 1 111 头含有 25%丹麦红牛血的草原红牛（丹草 F_2）初生犊牛的体重和体尺指标。研究发现，在初生重方面，丹草 F_1 和丹草 F_2 分别比草原红牛（CH）提高了 8.88%和 8.98%（$P<0.01$）。在体高、十字部高和坐骨端高方面，丹草 F_1 分别比草原红牛提高了 2.91%、3.03%和 3.47%（$P<0.01$）；丹草 F_2 分别比草原红牛提高了 2.23%、2.18%和 4.34%。见表 4-1。

表 4-1 草原红牛导入丹麦红牛血后初生重及体尺情况

项目	性状值 X			多重比较			与 CH 比提高率（%）	
	CH	F_1	F_2	CH	F_1	F_2	F_1	F_2
样本数（个）	517	557	1 111	517	557	1 111	557	1 111
体重（kg）	29.83	32.48	32.51	B	A	A	8.88	8.98
体高（cm）	67.34	69.30	68.84	Bc	Aa	Ab	2.91	2.23
十字部高（cm）	70.60	72.74	72.14	C	A	B	3.03	2.18
坐骨端高（cm）	63.42	65.62	66.17	C	B	A	3.47	4.34
体斜长（cm）	60.95	63.12	62.42	C	A	B	3.56	2.41
胸深（cm）	25.34	26.51	26.82	B	Aa	Ab	4.62	5.84
胸宽（cm）	16.46	17.02	16.98	B	A	A	3.40	3.16
腰角宽（cm）	16.21	16.64	16.57	B	A	A	2.65	2.22
胯宽（cm）	18.92	19.66	19.32	C	A	B	3.90	2.11
尻长（cm）	21.58	22.38	21.98	C	A	B	3.91	1.85
胸围（cm）	69.18	71.59	72.65	C	B	A	3.48	5.02
管围（cm）	9.93	10.54	10.92	C	B	A	6.14	9.97
坐骨端宽（cm）	5.37	5.75	5.64	Bb	A	a	7.08	5.03
腿围（cm）	48.72	51.15	52.78	C	B	A	4.99	8.33

注：1. 各性状值为公、母平均；
2. CH（草原红牛），F_1（含 1/2 丹麦红牛血），F_2（含 1/4 丹麦红牛血）；
3. 大写字母表示 $P<0.01$，小写字母表示 $P<0.05$。

（2）18 月龄情况　乳用品系牛的初生、18 月龄体重和体尺比草原红牛的体重增加、体型增大。而后期由于饲养条件影响，体重和体尺增长幅度低于初生（表 4-2）。

表 4-2 草原红牛导入丹麦红牛血后 18 月龄重及体尺情况

项目	性状值 X			多重比较			与 CH 比提高率（%）	
	CH	F_1	F_2	CH	F_1	F_2	F_1	F_2
样本数（个）	590	460	735	590	460	735	460	735
体重（kg）	262.23	279.78	267.64	Bc	A	Bb	6.69	2.06
体高（cm）	109.59	110.69	110.08	Bc	Aa	Ab	1.00	0.45

（续）

项目	性状值 X			多重比较			与CH比提高率（%）	
	CH	F_1	F_2	CH	F_1	F_2	F_1	F_2
十字部高（cm）	114.81	116.69	115.52	C	A	B	1.64	0.62
坐骨端高（cm）	103.61	106.38	106.30	B	A	A	2.67	2.60
体斜长（cm）	122.45	124.76	123.63	C	A	B	1.89	0.96
胸深（cm）	56.33	57.24	56.78	Bc	Aa	b	1.62	0.80
胸宽（cm）	33.76	34.91	34.73	B	A	A	3.41	2.87
腰角宽（cm）	37.95	38.64	38.26	Bc	Aa	Ab	1.82	0.82
胯宽（cm）	36.50	38.05	37.36	C	A	B	4.25	2.36
尻长（cm）	41.02	41.73	41.34	C	A	B	1.73	0.78
胸围（cm）	153.84	155.99	155.21	B	A	A	1.40	0.89
管围（cm）	15.95	16.39	16.50	Bc	Ab	Aa	2.76	3.45
坐骨端宽（cm）	12.10	12.31	12.41	B	A	A	1.74	2.56
腿围（cm）	88.27	90.47	88.75	Bc	Aa	Bb	2.49	0.54

体重：丹草 F_1 比 CH 提高了 6.69%（$P<0.01$），丹草 F_2 比 CH 提高了 2.06%（$P<0.05$）；丹草 F_1 与丹草 F_2 差异极显著（$P<0.01$）。

体躯高度（体高、十字部高、坐骨端高）：丹草 F_1 比 CH 提高了 1.00%～2.67%（$P<0.01$），丹草 F_2 比 CH 提高 0.45%～2.60%（$P<0.01$）；丹草 F_1 与丹草 F_2 相比，体高差异显著（$P<0.05$）、十字部高差异极显著（$P<0.01$）、坐骨端高差异不显著（$P>0.05$）。

体躯长度（体斜长、尻长）：丹草 F_1 比 CH 提高了 1.73%～1.89%（$P<0.01$），丹草 F_2 比 CH 提高了 0.78%～0.96%（$P<0.01$）；丹草 F_1 与丹草 F_2 差异极显著（$P<0.01$）。

体躯宽度（胸宽、腰角宽、胯宽、坐骨端宽）：丹草 F_1 比 CH 提高了 1.74%～4.25%，差异极显著（$P<0.01$），丹草 F_2 比 CH 提高了 0.82%～2.87%，差异极显著（$P<0.01$）；丹草 F_1 与丹草 F_2 相比，胸宽、坐骨端宽差异不显著（$P>0.05$），腰角宽差异显著（$P<0.05$）、胯宽差异极显著（$P<0.01$）。

胸深：丹草 F_1 比 CH 提高了 1.62%（$P<0.01$），丹草 F_2 比 CH 提高了 0.80%（$P<0.05$）；丹草 F_1 与丹草 F_2 相比，差异显著（$P<0.05$）。

胸围、管围、腿围：丹草 F_1 比 CH 提高了 1.40%～2.76%，差异极显著（$P<0.01$），丹草 F_2 胸围和管围分别比 CH 提高了 0.89%和 3.45%，差异极显著（$P<0.01$），腿围提高了 0.54%，差异显著（$P<0.05$）；丹草 F_1 与 F_2 相比，胸围差异不显著（$P>0.05$）、腿围差异显著（$P<0.05$），丹草 F_2 与丹草 F_1 相比，管围差异显著（$P<0.05$）。

3. 泌乳性能　由表 4-3 各产次泌乳性能比较来看，1～5 产泌乳天数，F_2 分别比 CH 提高了 0.72%、7.26%、9.59%、12.11%和 5.57%，除第一产差异不显著外（$P>0.05$），其余各产次差异显著（$P<0.05$）；1～5 产的泌乳量 F_2 分别比 CH 提高了 37.54%、47.89%、93.19%、94.94%和 74.96%，差异均极显著（$P<0.01$），尤以 3、4 产提高幅度最大，几乎翻了一番。3 产以上泌乳量（3～5 产平均）F_2 3 131.75 kg，最高个体产量 5 329.85 kg；CH 分别为 1 670.87 kg 和 3 345 kg，F_2 分别比 CH 提高了 87.43%（$P<0.01$）和 59.34%。

表 4-3　草原红牛导入丹麦红牛血后泌乳性能比较

项目	头数	产次	泌乳天数（d）	泌乳量（kg）	日量（kg）	最高日量（kg）
CH	198	1	218.5±36.87	1 249.6±353.47	5.72±1.65	9.2±1.83
F_2	59		220.07±32.84	1 718.76±631.18	7.81±2.50	12.19±2.72
提高率（%）			0.72	37.54	36.54	32.50
CH	121	2	215.70±35.97	1 486.10±385.44	6.90±1.65	11.30±2.31
F_2	56		231.36±33.45	2 197.75±575.15	9.50±2.13	14.41±2.57
提高率（%）			7.26	47.89	37.68	27.52
CH	89	3	223±33.59	1 640.2±420.10	7.36±1.42	12.1±2.64
F_2	46		244.39±32	3 168.64±849.07	12.97±3.31	18.64±4.66
提高率（%）			9.59	93.19	76.22	54.05
CH	70	4	217.8±37.73	1 633±460.92	7.50±1.42	12.2±2.18
F_2	46		244.17±29.78	3 183.4±760.92	13.04±2.6	19.22±4.32
提高率（%）			12.11	94.94	73.87	57.54
CH	53	5	216.5±35.02	1 739.4±542.08	8.03±2.18	13.3±3.13
F_2	27		228.56±35.46	3 043.2±786.31	13.31±3.37	19.38±5.37
提高率（%）			5.57	74.96	65.75	45.71

此外，从 F_2 各产次泌乳量的离均差值来看，均明显大于 CH，尤其第三

产高于 CH 428.97 kg，说明 F_2 的泌乳潜力尚未充分发挥出来。

4. 产肉性能　从放牧牛群中，选择出生日期相同的 30 月龄阉牛 10 头，在半开放舍拴系育肥 60 d，平均每头日饲喂玉米面 2.52 kg，酒糟 18.63 kg，玉米秸 3.3 kg，食盐 50 g，骨粉 78 g。结果见表 4-4 至表 4-6。

表 4-4　草原红牛导入丹麦红牛血的育肥结果比较

组别	头数（头）	开始体重（kg）	结束体重（kg）	增重（kg）	日增重（g）
F_1	4	406.00	460.13	54.13	902.17
CH	6	387.00	437.25	50.25	837.50

表 4-5　草原红牛导入丹麦红牛血的屠宰结果比较

组别	头数（头）	宰前活重（kg）	胴体重（kg）	屠宰率（%）	净肉重（kg）	净肉率（%）	骨重（kg）	骨率（%）
F_1	4	437.00	241.00	55.15	196.59	44.99	38.9	8.90
CH	6	416.83	230.49	55.30	186.13	44.65	37.03	8.88

表 4-6　草原红牛导入丹麦红牛血的胴体脂肪比较

组别	头数（头）	皮下脂肪厚度			皮下脂肪分布
		背脂（cm）	肋脂（cm）	腰脂（cm）	覆盖率（%）
F_1	4	0.18	0.78	0.57	76.25
CH	6	0.26	0.94	0.66	83.33

由表 4-4 至表 4-6 可见，在一般的饲养条件下，F_1 出栏体重和日增重分别比 CH 提高了 5.23%和 7.72%（$P>0.05$）；屠宰率、净肉率、骨率几项主要产肉指标 F_1 和 CH 基本相同。从胴体脂肪厚度和分布来看，CH 均好于 F_1，这与 CH 蓄积脂肪能力较强有关。

二、肉用品系选育

为了进一步提高中国草原红牛的产肉性能，1994 年，胡成华、张国梁、赵玉民等应用导入杂交的育种理论与方法，以开放式选育技术为核心技术，通过有计划、有目的导入利木赞牛血，进一步提高肉用性能，并利用导血牛形成的群体，在通榆县三家子种牛繁育场建立肉用品系基础群，在西艾力、向海、兴隆山等乡（镇）建立扩繁群和改良群。图 4-4 为中国草原红牛肉用品系公牛，图 4-5 为中国草原红牛肉用品系母牛。

图 4-4　中国草原红牛肉用品系公牛

图 4-5　中国草原红牛肉用品系母牛

（一）育种路线

以利木赞牛为父本，以中国草原红牛为母本，生产含有 25%利木赞牛血的草原红牛后代，构建草原红牛肉用品系。具体路线见图 4-6。

（二）生产性能

1. 发育情况　测定了 317 头草原红牛（CH）、273 头含有 50%利木赞血草原红牛（利草 F_1）以及 268 头含有 25%利木赞血草原红牛（利草 F_2）的初生重、体高、体长和胸围等指标。

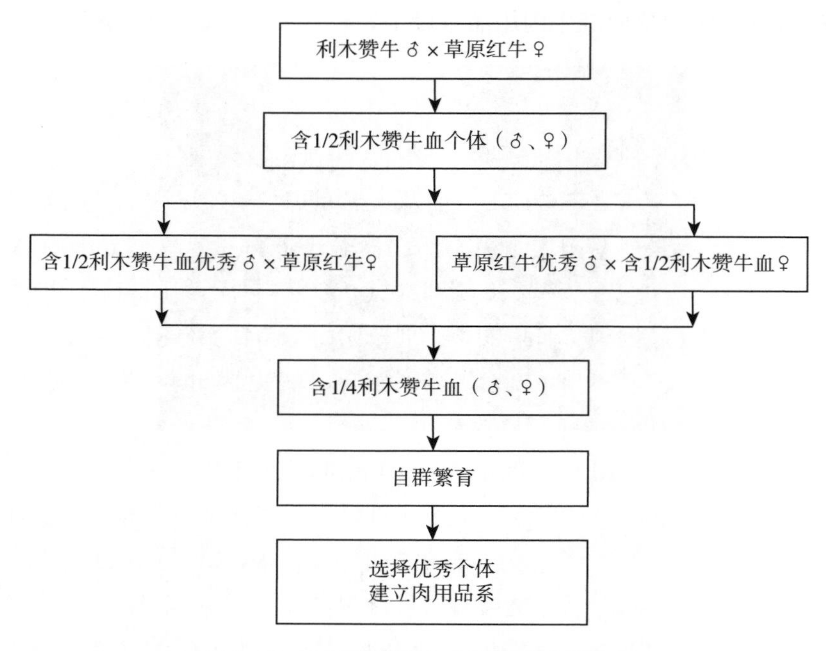

图 4-6　中国草原红牛肉用品系选育方案

结果显示，初生时含 1/4 和 1/2 利木赞血牛体重分别比草原红牛提高了 10.3%和 12.9%，体躯高度（体高、十字部高、坐骨端高）分别提高了 5.84%～8.89%和 7.12%～10.63%，体躯长度（体斜长、尻长）分别提高了 3.49%～8.35%和 6.80%～12.91%，体躯宽度（胸宽、腰角宽、胯宽、坐骨端宽）分别提高了 4.92%～27.02%和 8.94%～28.31%，胸深分别提高了 1.63%和 2.61%，胸围分别提高了 0.65%和 1.09%，管围分别提高了 1.70%和 2.00%，腿围分别提高了 10.94%和 12.11%。详见表 4-7。

表 4-7　草原红牛导入利木赞血后初生重及体尺情况

项目	CH	利草 F_2	利草 F_1	含 1/4 利木赞血牛与草原红牛		含 1/2 利木赞血牛与草原红牛	
				提高量	提高率（%）	提高量	提高率（%）
数量	317	268	273	—	—	—	—
体重（kg）	31.17	34.38	35.19	3.21	10.30	4.02	12.90
体高（cm）	67.41	71.35	72.21	3.94	5.84	4.80	7.12
十字部高（cm）	70.00	74.44	75.14	4.44	6.34	5.14	7.34

（续）

项目	CH	利草 F_2	利草 F_1	含1/4利木赞血牛与草原红牛		含1/2利木赞血牛与草原红牛	
				提高量	提高率（%）	提高量	提高率（%）
坐骨端高（cm）	63.80	69.47	70.58	5.67	8.89	6.78	10.63
体斜长（cm）	60.87	65.95	68.73	5.08	8.35	7.86	12.91
胸深（cm）	25.70	26.12	26.37	0.42	1.63	0.67	2.61
胸宽（cm）	15.91	17.42	18.10	1.51	9.49	2.19	13.76
腰角宽（cm）	15.86	17.95	18.81	2.09	13.18	2.95	18.60
胯宽（cm）	18.91	19.84	20.60	0.93	4.92	1.69	8.94
尻长（cm）	21.46	22.21	22.92	0.75	3.49	1.46	6.80
胸围（cm）	70.49	70.95	71.26	0.46	0.65	0.77	1.09
管围（cm）	10.02	10.19	10.22	0.17	1.70	0.20	2.00
坐骨端宽（cm）	5.44	6.91	6.98	1.47	27.02	1.54	28.31
腿围（cm）	48.72	54.05	54.62	5.33	10.94	5.90	12.11

数据来源：《草原红牛导入利木赞血的研究》。

利用38头草原红牛（CH）、20头含有25%利木赞血草原红牛（利草 F_2）和33头含有50%利木赞血草原红牛（利草 F_1）的断奶小公牛开展了育肥试验。育肥期11个月，至18月龄时出栏。测定了体重、体尺等相关指标。

18个月龄育肥牛出栏体重含利草 F_2 和利草 F_1 利木赞血牛分别比草原红牛提高了4.70%和11.09%，体躯高度（体高、十字部高、坐骨端高）分别提高了0.58%～1.45%和3.60%～4.96%，体躯长度（体斜长、尻长）分别提高了1.00%～1.58%和3.13%～3.27%，体躯宽度（胸宽、腰角宽、胯宽、坐骨端宽）分别提高了0.51%～6.75%和3.08%～18.52%，胸深分别提高了1.36%和2.38%，胸围分别提高了0.95%和3.50%，管围分别提高了2.19%和4.98%，腿围分别提高了3.09%和6.69%。见表4-8。

表4-8 草原红牛导入利木赞血后育肥效果

项目	CH	利草 F_2	利草 F_1	含1/4利木赞血牛与草原红牛		含1/2利木赞血牛与草原红牛	
				提高量	提高率（%）	提高量	提高率（%）
数量	38	20	33	—	—	—	—
体重（kg）	497.34	520.70	552.48	23.36	4.70	55.14	11.09
体高（cm）	123.47	124.18	127.92	0.71	0.58	4.45	3.60

（续）

项目	CH	利草 F_2	利草 F_1	含 1/4 利木赞血牛与草原红牛		含 1/2 利木赞血牛与草原红牛	
				提高量	提高率（%）	提高量	提高率（%）
十字部高（cm）	129.45	131.33	135.32	1.88	1.45	5.87	4.53
坐骨端高（cm）	117.64	119.18	123.47	1.54	1.31	5.83	4.96
体斜长（cm）	152.64	155.05	157.41	2.41	1.58	4.77	3.13
胸深（cm）	68.45	69.38	70.08	0.93	1.36	1.63	2.38
胸宽（cm）	48.16	48.78	50.09	0.62	1.29	1.93	4.01
腰角宽（cm）	45.12	45.35	46.51	0.23	0.51	1.39	3.08
胯宽（cm）	45.26	46.33	47.32	1.07	2.36	2.06	4.55
尻长（cm）	50.10	50.60	51.74	0.50	1.00	1.64	3.27
胸围（cm）	188.32	190.10	194.92	1.78	0.95	6.60	3.50
管围（cm）	20.09	20.53	21.09	0.44	2.19	1.00	4.98
坐骨端宽（cm）	10.96	11.70	12.99	0.74	6.75	2.03	18.52
腿围（cm）	103.79	107.00	110.73	3.21	3.09	6.94	6.69

数据来源：《草原红牛导入利木赞血的研究》。

总体上来看，草原红牛导入利木赞血后，体重及各项体尺均有不同程度的提高。同时也看出，随着月龄的增加，到 18 个月龄时，相对提高的幅度较出生时有明显的下降，这可能与生后的饲养水平有重要关系，尤其在哺乳期影响较大，大多数农户对小公牛的饲养管理水平远远低于小母牛。

2. 产肉性能

（1）架子牛育肥　2002 年 9 月从三家子种牛繁育场放牧牛群中，选择 18 月龄，体重 270～280 kg 的草原红牛和利草 F_2 架子公牛各 5 头，在相同的饲养管理条件下，强度育肥 186d，24 个月龄出栏。育肥结果见表 4－9。

表 4－9　架子牛育肥结果

项目	CH	利草 F_2	含 1/4 利木赞血牛与草原红牛	
			提高量	提高率（%）
数量	5	5	—	—
出栏体重（kg）	514.40	549.60	35.20	6.84
日增重（g）	1 308	1 447	139	10.63

（续）

项目	CH	利草 F_2	含 1/4 利木赞血牛与草原红牛	
			提高量	提高率（%）
宰前活重（kg）	510.33	534.67	24.34	4.77
胴体重（kg）	303.17	326.50	23.33	7.70
屠宰率（%）	59.41	61.07	1.66	2.79
净肉重（kg）	255.34	277.83	22.49	8.81
净肉率（%）	50.03	51.96	1.93	3.86
骨重（kg）	47.83	48.67	0.84	1.76
骨率（%）	9.37	9.10	−0.27	−2.88
胴体脂肪覆盖度（%）	88.33	85.00	−3.33	−3.77
剪切力值*（N）	30.38	22.83	−7.55	−24.85

* 胴体排酸 24 h，在吉林省农业科学院畜牧科学分院测定。

利草 F_2 出生后在草原地区放牧饲养为主的条件下达 17～18 月龄时再进行强度育肥 6 个月，24 个月龄出栏体重可达 514.40～549.60 kg，屠宰率 59.41%～61.07%，净肉率 50.03%～51.96%，骨率 9.10%～9.37%。从两个试验组合比较来看，在相同的育肥条件下，利草 F_2 的出栏体重和育肥期日增重分别比草原红牛提高了 6.84%和 10.63%，屠宰率和净肉率分别提高了 2.79%和 3.86%；胴体脂肪覆盖度下降了 3.77%；剪切力值下降了 24.85%。

（2）小公牛持续育肥　2003—2005 年，从三家子种牛繁育场选择生后 7～8 月龄、体重 160～180 kg 草原红牛和导入利木赞血的小公牛，在相同的饲养管理条件下，持续育肥 10～11 个月，至 18 个月龄出栏。小公牛持续育肥效果见表 4 - 10。

表 4 - 10　小公牛持续育肥效果

项目	CH	利草 F_2	利草 F_1	利草 F_2 比 CH		利草 F_1 比 CH	
				提高量	提高率（%）	提高量	提高率（%）
数量	38	20	33	—	—	—	—
出栏体重（kg）	497.34	520.7	552.48	23.36	4.70	55.14	11.09
日增重（g）	1 043	1 102	1 153	59.00	5.66	110.00	10.55
宰前活重（kg）	483.42	506.30	525.10	22.88	4.73	41.68	8.62
胴体重（kg）	277.31	299.85	320.33	22.54	8.13	43.02	15.51

（续）

项目	CH	利草 F_2	利草 F_1	利草 F_2 比 CH		利草 F_1 比 CH	
				提高量	提高率（%）	提高量	提高率（%）
屠宰率（%）	57.36	59.22	61.00	1.86	3.24	3.64	6.35
净肉重（kg）	227.40	249.05	264.27	21.65	9.52	36.87	16.21
净肉率（%）	47.04	49.19	50.33	2.15	4.57	3.29	6.99
骨重（kg）	49.91	50.80	55.95	0.89	1.78	6.04	12.10
骨率（%）	10.32	10.03	10.66	−0.29	−2.81	0.34	3.29
胴体脂肪覆盖度（%）	86.58	86.00	85.15	−0.58	−0.67	−1.43	−1.65
眼肌面积*（cm^2）	74.75	86.15	92.99	11.40	15.25	18.24	24.40

草原红牛和导入利木赞血断奶小公牛经 10～11 个月持续育肥，18 个月龄出栏体重可达 497.34～552.48 kg、日增重 1 043～1 153 g、屠宰率 57.36%～61.00%、净肉率 47.04%～50.33%、骨率 10.03%～10.66%、胴体（图 4－7）脂肪覆盖度 85.15%～86.58%、眼肌面积 74.75～92.99 cm^2，均达到了比较理想的育肥效果。

图 4－7　草原红牛胴体

在相同的育肥条件下，导血牛的产肉性能均比草原红牛有明显的提高。出栏体重利草 F_2 和利草 F_1 分别比草原红牛提高 4.70%和 11.09%、日增重分别提高了 5.66%和 10.55%、屠宰率分别提高了 3.64%和 6.35%、净肉率分别提高了 3.29%和 6.99%、眼肌面积分别提高了 15.25%和 24.40%；骨率变化不大，而胴体脂肪覆盖度均有所下降。

3. 牛肉品质　采集草原红牛、含 1/2 利木赞血草原红牛（利草 F_1）和含 1/4 利木赞血草原红牛（利草 F_2）的牛肉样本各 2 头，在吉林省农业科学院畜牧科学分院检测了眼肌面积和剪切力等指标；在吉林省农业科学院大豆研究所测定了营养成分、脂肪酸和氨基酸等指标（表 4－11、表 4－12）。

（1）营养成分

表 4－11　牛肉干样营养成分

单位：%

项目	头数	粗蛋白质	粗脂肪	水分	灰分
草红	2	86.37	8.70	74.38	2.39
利草 F_2	2	87.36	8.26	74.02	2.28
利草 F_1	2	88.23	7.78	74.21	2.50

注：所测粗蛋白质、粗脂肪为干基样品，吉林省农业科学院大豆研究所测试。

表 4－12　牛肉鲜样营养成分

单位：%

项目	头数	水分	粗蛋白质	粗脂肪	灰分
草红	2	70.78	21.96	6.04	1.08
利草 F_2	2	71.32	22.72	4.92	1.02
利草 F_1	2	71.75	23.64	3.57	1.00

注：鲜样由吉林省农业科学院畜牧科学分院动物营养所测试。

由背最长肌分析结果发现，粗蛋白质含量由高到低依次为利草 F_1、利草 F_2 和草原红牛，而粗脂肪的含量则完全相反，水分和灰分变化不大。

（2）脂肪酸　在上述试验牛中每组选择 4 头测定了脂肪酸含量。结果发现，油酸除草原红牛高于利草 F_1 牛 2.43%，其余差别均不大。据有关研究报道，在脂肪酸组成上，不饱和脂肪酸中油酸能较好地改善牛肉的风味，并认为是肉中的主要脂肪酸。日本和牛的牛肉油酸含量高，不饱和脂肪酸比饱和脂肪酸含量高，所以牛肉的味道好。草原红牛肉的风味好，可能与油酸含量较高有主要关系。从不饱和脂肪酸（棕榈油酸、油酸、亚油酸、亚麻酸）总量来看，草原红牛、利草 F_2 和利草 F_1 分别为 57.01%、56.51%和 55.59%，草原红牛略高，利草 F_1 略低，但变化不大。详见表 4－13。

表 4-13　牛肉中脂肪酸含量

单位：%

项目	头数	棕榈酸	棕榈油酸	硬脂酸	油酸	亚油酸	亚麻酸	月桂酸
草原红牛	4	26.13	4.82	14.53	45.29	5.93	0.97	2.25
利草 F_2	4	25.76	5.03	15.57	44.45	6.10	0.93	2.64
利草 F_1	4	26.31	4.94	15.56	42.86	6.69	1.10	2.87

资料来源：吉林省农业科学院大豆研究所测定。

（3）氨基酸　牛肉中氨基酸含量测定见表 4-14。

表 4-14　牛肉中氨基酸含量

单位：g，以 100 g 蛋白质计

项目	草原红牛	利草 F_2	利草 F_1
天冬氨酸	7.36	7.35	7.35
谷氨酸	9.89	9.76	9.89
丝氨酸	3.35	3.17	3.30
组氨酸	4.65	4.57	4.79
甘氨酸	4.77	4.46	4.47
苏氨酸	3.83	3.81	3.78
精氨酸	6.51	6.50	6.25
丙氨酸	5.66	5.45	5.47
酪氨酸	3.01	3.05	3.05
缬氨酸	4.15	4.21	4.14
蛋氨酸	2.09	2.12	2.06
苯丙氨酸	3.42	3.40	3.38
异亮氨酸	3.76	3.79	3.76
亮氨酸	7.17	7.16	7.09
赖氨酸	8.59	8.87	8.67
脯氨酸	2.88	2.86	2.65
合计	81.09	80.53	80.10

资料来源：吉林省农业科学院大豆研究所品质分析室测定，测定数量均为 4 头。

分析了牛肉中 16 种氨基酸的含量，氨基酸总量草原红牛、利草 F_2 和利草 F_1 分别为 81.09%、80.53%和 80.10%；与鲜味有关的氨基酸（天冬氨酸、谷氨酸、甘氨酸）含量草原红牛 22.02%、利草 F_2 和利草 F_1 分别为 21.57%和 21.71%；必需氨基酸含量（异亮氨酸、亮氨酸、赖氨酸、蛋氨酸、苯丙氨酸、苏氨酸和缬氨酸）草原红牛 33.01%、利草 F_2 和利草 F_1 分别为 33.36% 和 32.88%；与嫩度有关的氨基酸（脯氨酸）草原红牛 2.88%，利草 F_2 和利草 F_1 分别为 2.86%和 2.65%。三个试验组合非常接近。

（4）肌肉嫩度　肌肉嫩度（剪切力值）是评价肉的品质主要指标之一，肌肉剪切力值越小，该肌肉越嫩。但是影响肌肉嫩度的因素很多，如牛的品种、性别、年龄、营养水平、屠宰后肉的成熟条件和时间，肉的组织结构和化学组成等。参照美国农业部有关高档牛肉的评定标准，肌肉剪切力值应小于 35.48 N。

赵玉民等在《不同日粮蛋白源构成对草原红牛育肥效果的影响》中测定了不同试验组肉牛剪切力值。结合前期试验结果认为：草原红牛在 4 种不同日粮蛋白源饲养条件下，18 月龄未经过排酸处理的背最长肌剪切力值在 28.71～49.49 N；在 3 种不同日粮构成的饲养条件下 18 月龄未经过排酸处理的背最长肌剪切力值在 20.78～34.89 N；常规日粮持续育肥条件下，18 月龄未经过排酸处理的背最长肌剪切力为 32.73 N；架子牛育肥，18 月龄出栏，排酸处理 24 h 的背最长肌剪切力值为 30.38 N。

架子牛育肥，18 月龄出栏，排酸处理 24 h 的利草 F_2 代背最长肌剪切力值为 22.74 N。

持续育肥，18 月龄出栏，未经过排酸处理的利草 F_1 代背最长肌剪切力值为 32.14 N。

表 4-15　肌肉剪切力值

项目	头数	月龄	剪切力值（N）				备注
草原红牛	2	18	36.36	49.49	35.08	28.71	没排酸，四种蛋白源比较，持续育肥
	2	18	20.78	34.89	31.75		没排酸，三种日粮比较，架子牛育肥
	15	18	32.73				没排酸，持续育肥
	2	24	30.38				排酸 24 h，架子牛育肥
利草 F_2	2	24	22.74				排酸 24 h，架子牛育肥
利草 F_1	15	18	32.14				没排酸，持续育肥

注：吉林省农业科学院畜牧分院东北种猪测定站肉品分析室测定。

从表 4-15 可以看出，草原红牛及导入利木赞血后草原红牛肌肉剪切力值大都符合这一条件。同时也初步看出，同为草原红牛不同日粮构成对肌肉剪切力值有比较明显的影响。在相同的育肥条件下，导血牛的剪切力值略小于草原红牛。

（5）大理石纹　由表 4－16 眼肌大理石纹评定结果来看，断奶小公牛持续育肥至 18 个月龄出栏，无论是草原红牛还是导血牛大理石纹等级大都达到了 1～2 级，从品种组合比较来看，草原红牛的等级较高，含 1/4 利木赞血牛次之，含 1/2 利木赞血牛较低。

表 4－16　眼肌大理石纹评定结果

分级	1（多量）	2（次多量）	3（中量）	4（普通量）	5（少量）	6（稀量）
草原红牛	3	1				
利草 F_2	2	2				
利草 F_1	1	2	1			

注：参照美国农业部高档牛肉评定标准，每个组合观测 4 头牛。

采用导血提高的方法，在草原红牛群体中导入利木赞牛肉用性状基因，组建草原红牛肉用品系基础群（含 25%利木赞血）。针对草原红牛肉用品系基础群体，采用横交固定的方式，培育新品种，最终建立草原红牛肉用新品系核心群、扩繁群和生产群三级繁育生产体系。进行种群及个体登记，建立种群及个体计算机档案。通过育肥试验，评价肉用新品系的增重及肥育性能、饲料转化利用能力；通过屠宰试验，评价肉用新品系的产肉性能和肉质特性。结合基因标记，确定新品系的选种标准，为早期选种和精确选种提供依据，并制定了草原红牛肉用新品系标准。目前已利用现代生物技术的基因鉴定和标记方法对草原红牛肉用品系生长性状和肉质性状的优异基因进行选择，大大提高了育种效率，为未来草原红牛优质高档肉牛的培育奠定了生物学基础。

4. 产奶性能　由表 4－17 产奶调查结果来看，导入利木赞血后对草原红牛的产奶性能有一定的负面影响，泌乳天数含 1/4 利木赞血牛比草原红牛减少 12.42 d，下降了 5.08%，泌乳量减少 339.95 kg，下降了 10.75%。

综合以上研究结果，草原红牛导入利木赞牛血后，体重明显增加，体躯高度、长度、宽度均有不同的程度的提高，尤其是后躯宽度（胯宽和坐骨端宽）提高的幅度较大，有效地改善了草原红牛后躯尖、斜尻的缺点，大腿肌肉附着丰满，整体结构趋向于偏肉体型；从评价产肉性能主要指标屠宰率和净肉率及眼肌面积来看均得到明显提高，达到了预期目的。但是对产奶量有一定的不利影响。此外，由于利木赞种公牛个体间差异，有的后代毛色偏浅，均有待于通过加强选种加以克服。

表 4-17　产奶性能

项目	头数（头）	产次	泌乳天数（d）	泌乳量（kg）	平均日量（kg）	最高日量（kg）
草原红牛	92	3	244.28	3 161.04	12.94	30.70
利草 F_2	28	3	231.86	2 821.09	12.17	23.60
提高量			−12.42	−339.95	−0.77	−7.10
提高率（%）			−5.08	−10.75	−5.95	−23.13

三、肉用新品系选育

2005 年以后，为了进一步提高中国草原红牛的牛肉产量和品质，赵玉民、张国梁、吴健、秦立红等重点开展了红安格斯牛改良中国草原红牛研究。图 4-8 为红安格斯改良草原红牛种公牛，图 4-9 为红安格斯改良草原红牛母牛群体。

图 4-8　红安格斯改良草原红牛种公牛

图 4-9　红安格斯改良草原红牛母牛群体

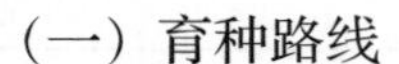

（一）育种路线

见图 4-10。

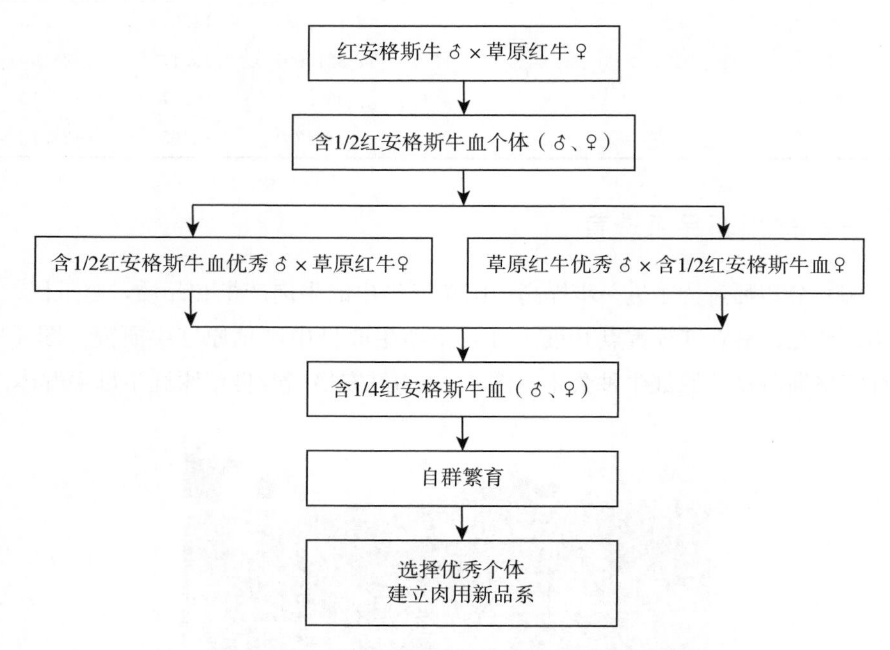

图 4-10　红安格斯改良中国草原红牛育种路线

利用引进的红安格斯牛改良中国草原红牛，生产杂交后代。在相同饲养条件下，对比育肥 20 头草原红牛和 20 头含有 50%红安格斯血的草原红牛（以下简称：安草 F_1）公牛，分别测定了育肥指标、屠宰性能和肉质指标。具体如下。

（二）生产性能

1. 育肥效果　从增重效果看（表 4-18），安草 F_1 牛在 24、30、36 月龄时的体重和胸围均显著高于草原红牛（$P<0.05$），而体长、体高、腹围和管围指标二者无显著差异（$P>0.05$）。说明安草 F_1 代公牛生长速度更快，体重的差异可能主要来源于胸围的变化。

2. 屠宰效果　从屠宰指标看，安草 F_1 公牛的宰前活重、屠宰率、净肉率和眼肌面积均显著高于草原红牛（$P<0.05$），表明草原红牛导入 50%红安格

斯牛血后综合产肉能力有所提高。见表 4-19。

表 4-18 试验牛不同月龄育肥情况

月龄	组别	体重（kg）	体长（cm）	体高（cm）	胸围（cm）	腹围（cm）	管围（cm）
18	对照组	247.87±11.95	131.15±4.19	119.49±3.87	182.63±2.45	193.81±11.34	19.40±0.31
	试验组	256.34±13.47	134.72±3.58	118.75±3.67	185.53±2.88	200.44±9.67	18.96±0.46
24	对照组	454.92[b]±21.47	141.65±4.22	126.97±4.88	189.43[b]±3.18	229.71±8.36	21.68±0.56
	试验组	488.34[a]±25.86	144.72±3.99	126.03±5.14	195.93[a]±2.85	228.37±9.03	21.20±0.89
30	对照组	603.75[b]±22.78	149.87±7.83	131.59±3.88	215.54[b]±4.80	238.47±7.12	21.95±0.55
	试验组	659.81[a]±24.61	151.90±8.11	132.01±2.13	226.19[a]±6.19	239.04±5.12	22.00±0.63
36	对照组	703.11[b]±18.06	157.00±5.94	134.71±3.90	221.43[b]±6.45	254.14±7.54	22.88±0.69
	试验组	737.52[a]±21.50	159.71±8.44	135.43±3.21	236.29[a]±5.58	258.86±10.46	22.57±0.79

注：相同指标上标不同小写英文字母表示处理间差异达 5%显著水平，下表同。

表 4-19 试验牛屠宰情况

组别	宰前活重（kg）	胴体重（kg）	屠宰率（%）	净肉率（%）	眼肌面积（cm^2）	背膘厚（cm）
对照组	689.43±13.04[b]	397.05±38.41	57.59±0.02[b]	49.33±0.04[b]	85.57±6.43[b]	0.66±0.19
试验组	714.57±18.02[a]	407.29±40.14	57.00±0.07[a]	51.50±0.03[a]	100.14±14.09[a]	0.71±0.15

（三）牛肉品质

从表 4-20 可知，草原红牛导入红安格斯牛血后牛肉剪切力值为 48.82N，显著低于草原红牛（$P<0.05$），肌内脂肪、熟肉率、初水分、滴水损失和 pH 等指标两组均不存在显著差异（$P>0.05$），证明利用红安格斯牛杂交中国草原红牛，有利于改善牛肉嫩度。

表 4-20 试验牛肉质情况

组别	剪切力（N）	肌内脂肪（%）	熟肉率（%）	初水分（%）	滴水损失（%）	pH
对照组	61.39±12.04[a]	5.04±2.57	53.92±3.21	68.32±3.50	4.11±2.12	5.83±0.27
试验组	48.82±8.40[b]	3.46±1.21	55.96±3.85	70.55±1.51	3.28±3.05	5.82±0.85

表 4-21 显示安草 F_1 公牛的棕榈油酸、油酸均含量显著高于草原红牛（$P<0.05$），而硬脂酸极显著低于草原红牛（$P<0.01$），其他所测指标差异不显著（$P>0.05$），表明利用红安格斯选育中国草原红牛对其脂肪酸含量有所

影响。

表 4-21　脂肪酸含量对比

单位：%

组别	豆蔻酸 C14：0	棕榈酸 C16：0	棕榈油酸 C16：1	硬脂酸 C18：0	油酸 C18：1	亚油酸 C18：2
对照组	2.83±0.46	28.03±2.52	4.40±0.61[b]	15.20±1.23[A]	43.95±1.50[b]	5.59±2.83
试验组	2.36±0.52	28.76±1.91	5.36±0.91[a]	12.82±1.64[B]	45.72±1.76[a]	4.98±2.35

由表 4-22 可知，安草 F_1 公牛肉中的苏氨酸、谷氨酸、脯氨酸、甘氨酸和蛋氨酸的含量以及必需氨基酸与非必需氨基酸的比值、必需氨基酸与总氨基酸的比值与草原红牛相比差异不显著（$P>0.05$），其他氨基酸、非必需氨基酸总量以及总氨基酸含量均显著低于草原红牛（$P<0.05$），表明利用红安格斯选育中国草原红牛对其氨基酸含量有所影响。

表 4-22　试验牛氨基酸含量对比

组别	对照组	试验组
天冬氨酸（%）	6.74±1.02[a]	5.19±1.45[b]
苏氨酸（%）	3.20±0.47	2.76±0.65
丝氨酸（%）	2.66±0.46[a]	2.14±0.35[b]
谷氨酸（%）	12.05±1.89	10.58±2.53
脯氨酸（%）	2.19±0.46	1.87±0.14
甘氨酸（%）	3.21±0.72	2.83±0.23
丙氨酸（%）	3.13±0.59[a]	2.60±0.40[b]
缬氨酸（%）	3.41±0.45[a]	2.88±0.48[b]
蛋氨酸（%）	1.32±0.25	1.11±0.26
异亮氨酸（%）	3.08±0.46[a]	2.54±0.49[b]
亮氨酸（%）	5.78±0.85[a]	4.80±0.90[b]
酪氨酸（%）	2.75±0.43[a]	2.25±0.51[b]
苯丙氨酸（%）	3.22±0.50[a]	2.62±0.59[b]
组氨酸（%）	3.75±0.59[a]	3.11±0.50[b]
赖氨酸（%）	5.70±0.60[a]	4.89±0.93[b]

（续）

组别	对照组	试验组
精氨酸（%）	4.01±0.71[a]	3.41±0.58[b]
必需氨基酸（%）	33.47±4.64[a]	28.13±5.07[b]
非必需氨基酸（%）	32.73±5.39[a]	27.45±4.33[b]
必需氨基酸/非必需氨基酸	1.03±0.036	1.02±0.039
必需氨基酸/总氨基酸	0.51±0.009	0.51±0.010
总氨基酸（%）	66.20±10.00[a]	55.58±9.35[b]

利用红安格斯牛杂交中国草原红牛能够提升其育肥效果，增加牛肉尤其是优质牛肉的产量，使牛肉更加细嫩，对牛肉中的脂肪酸和氨基酸含量有所影响。对牛肉风味等的影响有待于进一步研究。

第三节　本品种、新品种培育育种记录与良种登记

一、系谱记录及其个体档案

作为一头种畜或候选种畜，要求要有完整的系谱记录和个体信息表。所谓系谱就是一个要标明个体的父母亲、祖先及其相关个体信息的材料，除了纸质材料外，还需要有一个完善的育种资料数据库管理系统对这些数据进行规范化管理。见表4－23。

二、个体性能测定的性状

生长发育性状：初生重、断奶重、周岁重、18月龄重、24月龄重、成年母牛体重及外貌评分；在实测体重的同时进行体尺测量。

繁殖性状：母牛：初情期、初产年龄、产犊间隔、难产度、发情周期；公牛：睾丸围、情期一次受胎率、精液产量、精液活力、精液密度、颜色、解冻后活力。

超声波活体测定：背膘厚、眼肌面积、大理石纹级别和肌内脂肪含量。具体性能测定方法见第三章。

三、记录系统

个体性能测定的记录体系其实就是育种场或育种群应该做的常规育种记

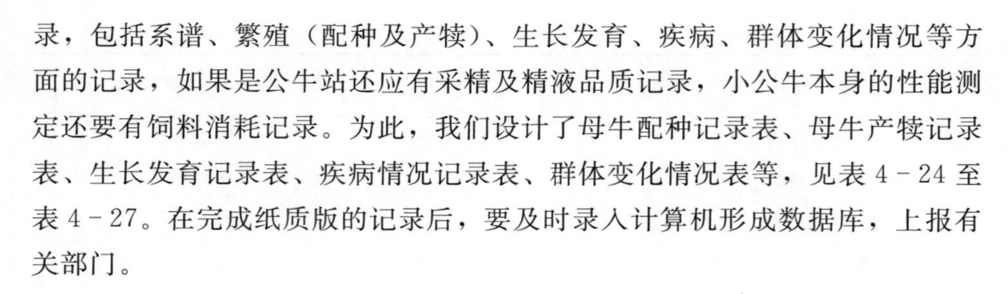

录，包括系谱、繁殖（配种及产犊）、生长发育、疾病、群体变化情况等方面的记录，如果是公牛站还应有采精及精液品质记录，小公牛本身的性能测定还要有饲料消耗记录。为此，我们设计了母牛配种记录表、母牛产犊记录表、生长发育记录表、疾病情况记录表、群体变化情况表等，见表4－24至表4－27。在完成纸质版的记录后，要及时录入计算机形成数据库，上报有关部门。

四、测定和记录原则

（1）制订测定日志，每一项测定要求测定前一天做好准备。

（2）严格按要求进行测定，做到及时准确，按时记录。

（3）对于劳动量大、测定困难的体重类性状，初生重除外，要按照日期相近原则进行分组测定，但与要求日期不得相差30 d，测定时务必注明测定日期。线性评分、超声波性能、屠宰、胴体等指标见表4－23至表4－34。

表4－23　肉牛线性体型评分记录表

畜主姓名（场、站名）：　所在地：畜主编号（场编号）：　评定员：　记录员：　评定日期：

评定日期	结构						肌肉度						细致度		乳房	
	头部	背线	尻倾斜	前肢	后肢	系部	鬐甲	肩部	腰部	腰厚	大腿肌	尻形状	骨骼	皮肤	乳房底部	乳头

表4－24　肉牛超声波测定记录表

测量人：　记录人：　测量时间：　年　月　日

牛号	背膘厚	眼肌面积	大理石纹	肌肉脂肪含量	腰部肉厚

表 4－25　肉牛胴体分割记录表（1－前部）

测量人：　　　　　　　　　记录人：　　　　　　　　　测量时间：　　　年　月　日

顺序	脖肉	上脑	腱子	牛腩	肩肉	腹肉	鱼皮	带骨腹	胸肉	骨重		

表 4－26　肉牛胴体分割记录表（2－后部）

测量人：　　　　　　　　　记录人：　　　　　　　　　测量时间：　　　年　月　日

顺序	外脊/丁骨	眼肌	里脊	米龙	黄瓜条	和尚头	臀肉	腱子	骨重	碎肉		

表 4－27　肉牛屠宰体重记录表

测量人：　　　　　　　　　记录人：　　　　　　　　　测量时间：　　　年　月　日

牛号	宰前体重	牛号	宰前体重	牛号	宰前体重

表 4－28　肉牛屠宰测量记录表（1）

测量人：　　　　　　　　　记录人：　　　　　　　　　测量时间：　　　年　月　日

顺序号	牛号	头重	蹄重	顺序号	牛号	头重	蹄重

表 4-29　肉牛屠宰测量记录表（2）

测量人：　　　　　　　记录人：　　　　　　　测量时间：　　　年　月　日

顺序号	牛号	心	肝	肺、气管	脾	胆囊

表 4-30　肉牛屠宰测量记录表（3）

测量人：　　　　　　　记录人：　　　　　　　测量时间：　　　年　月　日

顺序号	牛号	牛尾	牛鞭	前后腔油、膈肌	肾脏

表 4-31　肉牛屠宰测量记录表（4）

测量人：　　　　　　　记录人：　　　　　　　测量时间：　　　年　月　日

顺序号	牛号	胃	肠	系膜、网膜油		

表 4-32　肉牛屠宰测量记录表（5）

测量人：　　　　　　　记录人：　　　　　　　测量时间：　　　年　月　日

顺序号	牛号	皮重		顺序号	牛号	皮重	

表 4-33　肉牛胴体测量记录表（1）

测量人：　　　　　　　记录人：　　　　　　　测量时间：　　　年　月　日

顺序号	牛号	胴体胸深	胴体深	后腿围	后腿宽	后腿长	大腿肉厚	腰部肉厚	背膘厚

表 4-34　肉牛胴体测量记录表（2）

测量人：　　　　　　　　记录人：　　　　　　　　测量时间：　　　年　月　日

顺序号	牛号	大理石纹	眼肌面积	肉色	脂肪颜色	生理成熟度	

第五章 品种繁殖

繁殖是指生物为延续种族所进行的产生后代的生理过程，即生物产生新的个体的过程。已知的繁殖方法可分为两大类：有性生殖与无性生殖。肉牛繁殖属于有性繁殖，具有自己的特点。

第一节　生殖生理

生殖生理一般分为雄性生殖生理和雌性生殖生理。同时，包括性成熟、体成熟和性季节等因素。

一、公牛生殖生理

（一）公牛的初情期

公牛的初情期是指公牛初次出现爬跨和射出精子的时间。公牛初情期受品种、环境、营养等因素影响。

（二）公牛的性成熟期

公牛性成熟期是指公牛生殖器官和生殖机能发育趋于完善，达到能够生产具有受精能力的精子，并有完全性行为的时期。一般为10～18月龄。

（三）公牛的适当配种年龄与繁殖年限

一般公牛适当配种年龄为1.5～2年。公牛的繁殖年限一般为5～6年，

7年以后公牛性欲显著下降，精液品质也下降，因此多被淘汰。

（四）中国草原红牛公牛的生理特点

中国草原红牛公牛的初情期比较难于判断，这时表现为多种多样的性行为，如闻嗅母牛外阴部、爬跨母牛、阴茎勃起，甚至有交配动作，但一般不射精。

调查发现：中国草原红牛种公牛的精液射出量都比较大，精液内精子密度高，平均1次射精量只有4～5 mL，最大为15 mL；鲜精的精子密度数为（1～2）×10^9个/mL。5～7岁的壮年种公牛每次射精量5～6 mL，鲜精活力0.60左右，平均密度为11.1×10^9个/mL；新鲜精液保持活动力的最长时间为96 h，冻精解冻活力保持在0.36～0.40。

二、母牛生殖生理

（一）母牛的性成熟与初配年龄

母牛的性成熟，是指母牛的性器官和第二性征发育完善，卵巢内开始产生成熟的卵子和雌激素，并伴有排卵。

母牛的初配年龄根据品种和饲养条件不同而不同，初配年龄不宜过早或过晚。小母牛配种过早，不仅影响本身生长发育，而且所生犊牛初生重小，体质弱，不易饲养，产后生产性能将受影响；配种过迟，不但对繁殖不利，而且易使母牛过肥而不易受孕。一般母牛初次配种时的体重应为其成年体重和体型的70%左右。适宜的配种时间应在发情开始以后18～24 h进行，效果较好。年老体弱的母牛发情持续期较短，排卵较早。在天热时，配种时间要适当提早。

（二）母牛的发情特点

由前一次发情开始到下一次发情开始的整个时期称为一个发情周期。母牛的发情周期约为21 d，发情持续时间为7～13 h，排卵时间为发情结束后的12～15 h。发情周期一般分为发情前期、发情期、发情后期和休情期。发情前期母牛处于安静状态，没有交配欲，但子宫角蠕动加强，生殖道的腺体活动加强。发情期母牛兴奋不安，食欲减退，时常鸣叫和爬跨其他个体，并有交配欲；子宫黏膜血管大量增生，输卵管蠕动；阴唇黏膜肿胀。发情后期母牛恢复安静并拒绝交配；卵巢中形成了黄体，并分泌孕激素和雌激素。休情期卵巢内黄体开始退化，子宫内膜变薄，阴道上皮不角化。

发情持续时间短，并且在交配欲结束之后 12～15 h 才排卵。母牛血液中含少量雌激素时则兴奋，而含大量时反而抑制。发情开始时，卵泡中只产生少量雌激素，性中枢兴奋，出现交配欲；当卵泡继续发育接近成熟时，产生大量雌激素，性中枢受到抑制，则交配欲消失。但卵泡还在继续发育，最后在促黄体素的协同下排卵。这就是排卵在交配欲结束之后的缘故。

母牛发情后 2～3 d 发生子宫内出血而从阴道流出的现象（育成母牛有 70%～80%、成年母牛有 30%～40%）。据统计，出血多少与受胎率成正比关系。发情后出血的原因是：发情时子宫黏膜的实质充血，发情后子宫阜上的毛细管破裂，血细胞穿过上皮，渗入子宫腔，随黏液排出。

（三）中国草原红牛母牛的生理特点

中国草原红牛母牛一般在 14～16 个月龄开始发情，发情周期多为 18～23 d，平均 21.2 d，发情持续时间为 12～36 h，产后第一次发情，早春分娩母牛多在产后 80～110 d，夏季分娩母牛，多在产后 40～50 d 发情，母牛妊娠期平均为 283.05 d。

草原红牛导入丹麦红牛血后相应指标有所变化。母牛发情期提前至 13.5 个月，一般在 13.5～16 个月龄开始发情；初配母牛在 20 个月左右开始配种比较好。发情周期多为 18～23.3 d，平均 21.2 d，发情持续时间 20～36 h；一般的情期受胎率在 69%以上，妊娠期 284.3 d。

据近五年的资料统计（草原红牛 121 头，乳用草原红牛 108 头），草原红牛母牛的总受胎率为 95.00%、繁殖率为 89.63%，繁殖成活率为 84.74%，繁殖间隔为 407 d；含有丹麦红牛血的草原红牛母牛的总受胎率为 95.65%，繁殖率为 89.05%，繁殖成活率为 84.18%，繁殖间隔为 415 d。

第二节　配种方法

一、配种时期

中国草原红牛母牛初次配种时的体重应接近成年母牛体重的 70%。经产母牛一般在产后 60～90 d 时配种。观察到母牛发情后，一般在 18～27 h 后进行配种。最佳配种时间是在发情盛期结束之后的9h以内配种。

二、配种方法

草原红牛配种通常采用人工授精方法和自然配种两种方法。

（一）自然配种

中国草原红牛育种初期，育种区交通条件各异，在交通条件不便的地方采用自然交配的方式繁育后代。自然配种分为两种。一种是采用将公、母牛分群饲养，当母牛发情时，牵引其与公牛自然配种，配后继续分群饲养。另一种是在配种季节，将公、母牛按1∶20的比例混群饲养，自然配种。配种季节过后，则把公牛挑出，与母牛分开饲养。

为了保证受胎率，常进行反复交配，即早晨检出的发情母牛，早晨配种1次，下午再配种1次；下午检出的发情母牛，傍晚配种1次，第二天早晨再配种1次。两次配种间隔10～12h，一般1个发情期配2次即可。

（二）人工授精

人工授精是利用人工授精器械采取公牛的精液，经过品质检查、活力测定、稀释、冷冻、解冻等处理，然后再输到发情母牛的生殖器官使其受孕的配种技术。人工授精可以提高优良种公牛的利用率，1头种公牛在自然交配时，1次只能配1头母牛。采用人工授精方法，每采精1次，可配几十头，甚至上百头母牛。由于配种的公、母牛不直接接触，可避免某些疾病的传染。

人工授精的操作方法分为以下几个步骤：

1. 精液的解冻　细管、安瓿冻精，用（38±2）℃温水直接浸泡解冻。颗粒冻精用（38±2）℃的解冻液1～1.5mL解冻，每次1粒；多于两粒，应分别解冻。冷冻精液解冻液配方见表5-1。

表5-1　冷冻精液解冻液配方

原料	配方一	配方二
蒸馏水（mL）	100	100
柠檬酸钠（g）	2.9	1.4
葡萄糖（g）	—	3.0

冷冻精液解冻后应在1～2h内输精。如解冻后的精液需外运时，应采取低温（10～15℃）解冻，然后用脱脂棉或多层纱布包裹，外面用塑料袋包好，置于4～5℃的冰瓶内贮存。其使用时间不应超过8h。

2. 精液品质检查　为保证受胎率，必须对精子的活力、密度和精子形态等进行检查，符合标准的精子方可进行人工授精。

（1）精子活力（率）　精子活力是指活动精子的百分率。活动精子是指视野中呈直线前进运动的精子。非前进运动的精子一般不具备与卵子结合并受精的能力。在对精子进行稀释检查时，应注意稀释液的温度要与原精液相同，否则可能影响精子正常的活力。刚采出的牛精子的正常活力应不低于0.7，解冻后可用精液的精子活力应不低于0.3。

（2）精子形态　完整的精子包括精子头、颈和尾三部分。精子头部前端为帽样结构覆盖，称为顶体。不正常的精子种类，有头部过大或过小、双头、双颈、无头精子、折尾、卷尾、颈部和中部含有原生质滴的不成熟精子等。如果公牛精液中异常精子含量大于20%，可能引起精液的受精能力降低，这样的精液不能用于人工授精。检查精子形态时，一般在载玻片滴一滴混匀的原精液，再加一滴染色液，完全混匀后，平拉制片，最后使载玻片在常温下干燥后检查。也可将一小滴精液样品与一小滴10%的福尔马林相互混合均匀（使精子活动静止）后，覆盖干净的盖玻片再置于显微镜下镜检。每一样品计算100个以上的精子，然后再计算正常精子的百分率。

（3）精子密度　精子密度是指每毫升精液中所含的精子数。采用血细胞计算法，可准确地测定每单位容积精液中的精子数。如有条件，采用光电比色计测定法，也是目前较准确、快捷地评定精子密度的一种方法。

3. 输精　输精前被输精母牛的阴门、会阴部要用温水清洗消毒并擦净。同时做好输精器材的消毒和精液的准备，每一输精管只能用于一头母牛。精液在输精前必须进行活力检查，符合输精标准（精子活力超过0.3）才能应用。

现普遍采用直肠把握子宫颈输精法。本法对母牛刺激小，用具简单，操作安全方便；便于发现子宫及卵巢疾病；可防止给怀孕牛输精造成流产；受胎率可提高10%～20%。

输精时，输精人员一只手伸入直肠握住子宫颈后端（注意不要把握过前，造成宫口游离下垂，输精器不易插入），手臂下压会阴部，使阴门开张。另一只手持吸好精液的输精器，由阴门插入，先向上倾斜插入10～15cm，以避开尿道口，而后再平插，直至子宫颈口。此时两手配合，将输精器前端插入子宫颈内 5～8 cm 处（接近子宫颈内口），随即注精。如果精液受阻，可将输精器稍后退，同时将精液注入。

插入输精器应小心谨慎，不可用力过猛，以防损伤阴道壁和子宫颈，注意防止污染输精器，其前端只能与阴道黏膜接触。输精器插入后手要轻握，并随牛移动，以防折断或伤害母牛。输精器抽出后，应检查是否残留有精液，如发现大量精液残留在输精器内，则要重新输精。

第三节　妊娠与胎儿生长发育

一、母牛妊娠

妊娠期是从最后一次配种或授精算起，到分娩为止。中国草原红牛妊娠期为 276～285 d，也可记为 9 个月零 10 d。母牛妊娠期的长短，因年龄、产次、营养、健康情况、生殖道状态、妊娠胎儿的数目和胎儿性别等因素而有差异。一般情况下，年龄小的母牛比年龄大的母牛平均少 1 d；公犊较母犊多 1～2 d；双胎妊娠期少 3～6 d。

（一）妊娠初期饲养管理

妊娠初期一般指母牛怀孕的前 5 个月，这个时间段内，母牛刚刚受孕，胎儿由受精卵发育成胚胎，成长速度较为缓慢，所需营养物质极少。初孕期母牛身体开始发胖，后部骨骼开始变宽。母牛获得的营养需要同时向胎儿和自身两个方面供应，因此妊娠初期的母牛不需要过多的营养物质，一般情况下应该以饲喂粗饲料为主，同时，饲喂适量的精饲料。妊娠初期的母牛要适当放牧，这样既可以增强母牛体质，有效预防疾病；又能够促进胎儿的发育。除此之外，饲养妊娠期母牛的饲料应尽量保持多样化，避免过于单一。该时期重点防止母牛流产。

中国草原红牛母牛怀孕的前 5 个月胎儿生长发育缓慢，可以和空怀母牛一样，以粗饲料为主，适当搭配少量精料，组成日粮。如果处在青草季节，母牛可以完全饲喂青草，而不用饲喂精料。但是青草要种类多，品质好，母牛能够吃饱。

(二) 妊娠中期饲养管理

妊娠中期一般指母牛怀孕的5个月后到生产前3个月之间的这段时间。随着胎儿发育进程的加快，母牛胸围逐渐增加。所获得的营养物质除了维持母牛自身的需要外，全部供应给了胎儿。这段时间必须为母牛提供足够的营养。如果营养供应不足，很可能会导致胎儿无法健康发育、母牛体质虚弱等情况，严重者甚至可能导致流产。一般情况下该阶段母牛体重将增加40～70 kg。

(三) 妊娠后期饲养管理

妊娠后期是指母牛产前3个月到生产之间的时间。此时，应按照饲养标准配合日粮，以青饲料为主，适当搭配精料。精料选择当地资源丰富的农副产品，如小麦麸、棉籽饼、糟粕类等，再搭配少量的玉米等谷物饲料。要特别注意矿物质、维生素的补充。禁止饲喂棉籽饼和菜籽饼，不要大量采食幼嫩豆科牧草。母牛要每天饲喂2～3次，自由饮水，饮水要清洁、新鲜，冬季水温要不低于15℃，不饮冰水，不喂发霉、变质的饲料。

妊娠后期要注意防止母牛过肥，保持中等膘情，加强刷拭和运动。尤其是头胎青年母牛，更应防止过度饲喂，以免发生难产；同时，要进行乳房按摩，以利产后犊牛哺乳。注意做好保胎工作，防止母牛发生碰撞、滑倒、拥挤、顶架，以免发生流产。

二、胎儿生长发育

(一) 胚胎期

指从受精开始到出生为止的时期。胚胎期又可分为卵子期、胚胎分化期和胎儿期三个阶段。卵子期指从受精卵形成到11 d受精卵与母体子宫发生联系即着床的阶段。胚胎分化期是指从着床到胚胎60 d为止。此前2个月开始直到分娩前为止，此期为身体各组织器官强烈增长期。胚胎期的生长发育直接影响了牛犊的初生重大小，与成年体重成正相关，从而直接影响肉牛的生产力。

怀孕1个月受精3周时，胚胎长0.5～0.7 cm。头上可以看到口及眼的雏形。至25 d，前肢呈小突起状。至月末，胚胎长0.9～1.1 cm。后肢亦呈小突起状。绒毛膜上尚无绒毛。2 个月至 40 d 时，体长约 2 cm；50 d 时 4.5 cm；2 个月时为 6～7 cm。胎儿出现牛所固有的外形，腹部很大，全部器官都已成形，母胎儿出现乳头。

3 个月第 9 周末，胎儿体长 8 cm；第 10 周 9 cm；第 11 周 11 cm；至月末体长为 11～14 cm。公胎儿的阴囊已经形成。

4 个月体长为 22～26 cm，公胎儿阴囊明显，体表尚无毛。

5 个月体长为 35～40 cm，唇部及眉弓出现细毛，母胎儿的乳房及乳头明显。公胎儿睾丸进入阴囊，但可以挤入腹股沟管内。

6 个月体长为 45～60 cm。唇部及眉部有浓密细毛，出现睫毛。角根、尾端、腕关节与跗关节以下部分有少数细毛。

7 个月体长为 50～75 cm。唇、眉、角根、腕、跗关节以下及尾巴上有浓密细毛。耳端及背线上也有稀疏细毛。

8 个月体长为 60～85 cm。全身有稀疏细毛。背线、颈部上缘及耳边密布细毛。

怀孕 9 个月体长依品种不同而有很大区别，为 80～100 cm。身体全部被有浓密绒毛。头盖骨已骨化。乳门齿是 4～6 个，12 个乳前臼齿也已生出。到 9.5 个月（285 d）左右，胎儿发育成熟。

（二）哺乳期

从牛犊出生到 6 月龄断奶止的阶段。这是牛犊对外界条件逐渐适应、各种组织器官功能上逐步完善的时期。该期牛的生长速度和强度是最快的时期。犊牛哺乳期生长发育所需的营养物质主要靠母乳提供，因而母牛的泌乳量对哺乳犊牛的生长速度影响极大。一般犊牛断奶重的 50%～80%是受它们母亲产奶量的影响。因此，如果母牛在泌乳期因营养不良和疾病等原因影响了泌乳性能，就会对哺乳犊牛产生不良影响，从而影响肉用牛的生产力。

（三）幼年期

犊牛从断奶到性成熟的阶段。此期牛的体型主要向宽深方面发展，后驱发育迅速、骨骼和肌肉生长强烈，性功能开始活动。体重的增长在性成熟前呈加速趋势，绝对增重是随年龄增加而增大，体躯结构趋于稳定。该期对牛生产力的定向培育极为关键，可决定此阶段后的养牛生产方向。

第四节　接产及新生牛犊护理

一、接产

给犊牛接产前应准备好大量的稻草、干净的热水、干净的毛巾、抗菌肥皂、产科绳以及润滑剂。

（1）专人负责观察母牛，尤其应注意乳房膨大的即 3 个星期之内要产犊的母牛。

（2）当母牛乳房开始膨大及阴户开始松弛时，应把其转移到产房，但不管在什么地方产犊都应在产犊区放置大量的稻草并保持干净。

（3）当观察到一头母牛即将产犊时：记下时间，确保产犊区干净并在奶牛周围垫上许多稻草；准备一桶干净的热水及一块肥皂，安排人员握住尾巴或将其系住；用肥皂（最好是抗菌肥皂）清洗母牛阴户，然后清洗手臂，用肥皂润滑母牛的产道，轻轻检查以确保母牛两前肢及头在最前面并判断母牛是否是正常产犊，如果是，则不需助产。如果每隔 15 min 母牛产犊过程都有进展，则让其自然分娩，否则应该助产，但动作要轻，要保持干净。

（4）如果找不到同一犊牛的两个前肢及犊牛头，则必须进一步助产。倒生的母牛始终应该助产，如果任其自然分娩，则几乎必死无疑。

（5）剖腹产时，如果 15 min 以后产犊过程没有进展，且犊牛个体较大，则应助产，助产时应一只腿一只腿拉，直到肩膀通过产道。如果两只腿及鼻子已出来，则只要拉一下，犊牛就能安全出来。如果在 10 min 之内不能把胎儿两臂拉入骨盆腔，且犊牛仍然活着，则应立即考虑施行剖腹产。检查犊牛是否还活着的最佳方法是触摸一下看其心脏是否还在跳动。也可以捏一下舌头或摸一下眼睛，看其有没有反应，如有反应，则说明犊牛还活着。有时候如果特别肿胀，则触摸时可能没有反应，因而只有当检查后确信犊牛已经死亡才可以把犊牛切割后取出。当犊牛倒生时，应仔细触摸一下脐带，如仍有血液在流动，说明犊牛仍活着，应立即准备施行剖腹产。

（6）当犊牛处于应激状态时，它会在母牛子宫内或盆腔内排粪，这称为胎粪。在应激条件下犊牛也会在子宫内或盆腔内呼吸，这会使犊牛吸入液体及胎粪，引起犊牛肺炎（称之为吸入性肺炎）并导致死亡。

二、新生犊牛护理

犊牛护理技术是指对出生后6个月以内的犊牛进行引导呼吸、脐部消毒、饲喂初乳以及早期断奶等措施，使其顺利、健康度过犊牛期。犊牛出生后对外界不良环境抵抗力较弱，适应力差，消化道黏膜容易被细菌穿过，神经系统反应性不足，很容易受各种病菌的侵袭，发病率高，较易死亡。据统计，有60%～70%的犊牛死亡发生在犊牛出生后第一周。因此，做好犊牛护理，特别是新生犊牛护理对其生长发育至关重要。

（一）确保犊牛呼吸

犊牛出生后如果不呼吸或呼吸困难，通常与难产有关，必须首先清除犊牛口鼻中的黏液，使犊牛头部低于身体其他部位或倒提犊牛几秒钟使黏液流出，然后用人工方法诱导犊牛呼吸。

（二）肚脐消毒

呼吸正常后，应立即注意肚脐部位是否出血，如出血则用干净棉花止血。应挤干残留在脐带内的血液后，用高浓度碘酒（7%）或其他消毒剂涂抹脐带。出生2d后应检查犊牛是否有感染。如感染，则表现为犊牛沉郁，脐带红肿，碰触后犊牛有触痛感。脐带感染可很快发展为败血症，常引起犊牛死亡。

（三）饲喂初乳

初乳是母牛产犊后7d内所分泌的乳汁，它含有丰富的维生素、免疫球蛋白及其他各种营养，尤其富含维生素A、维生素D以及球蛋白和白蛋白，所以初乳是新生犊牛必不可少的营养来源。如果完全不喂初乳，犊牛会因免疫力不足而发生肺炎及血便，使犊牛体重急剧下降。初乳的营养物质和特性随泌乳天数逐日变化，经过6～8d，初乳的成分接近常乳。因此，犊牛出生后应尽早让犊牛吃上足够的初乳。一般在生后2h内，当幼犊站起时，即可喂食初乳。

犊牛饲养环境及所用器具必须符合卫生条件，并且每次饲喂初乳量不能超过犊牛体重的10%。通常每天6～8kg，分3～5次饲喂。若母乳不足或产后母牛死亡，可喂其他同期分娩的健康母牛的初乳，或按每千克常乳加5～10mL青霉素或等效的其他抗生素、3个鸡蛋、4mL鱼肝油配成人工初乳代替，另补饲 100 mL 的蓖麻油，代替初乳的轻泻作用。

初期应用奶桶饲喂初乳。一般一手持桶，另一手中指及食指浸入乳中使犊牛吸吮。当犊牛吸吮指头时，将桶提高使犊牛口紧贴牛奶吮吸，如此反复几次，犊牛便可自行哺乳。

饲喂初乳时应注意即挤即喂。温度过低的初乳易引起犊牛胃肠机能失常导致犊牛下痢。温度过高则易发生口炎、胃肠炎等。因此，初乳的温度应保持在 35～38 ℃。夏季要防止初乳变质，冬季要防止初乳温度过低。

晚上出生的犊牛，如到第 2 天才喂初乳，抗体可能无法被全部吸收，出生后 24 h 的犊牛，抗体吸收几乎停止。犊牛出生后如果在 30～50 min 以内吃上母牛初乳，可有效保证犊牛生长发育、提高抗病力。

（四）犊牛与母牛隔离

犊牛出生后立即从产房移走并放在干燥、清洁的环境中（图 5 - 1），最好放在单独圈养的畜栏内。刚出生的犊牛对疾病没有抵抗力，给犊牛创造舒服的环境可减低患病可能性。

图 5 - 1　新生犊牛舒适的饲养环境

（五）防止犊牛下痢

引起犊牛下痢的原因很多。防止犊牛下痢，应注意以下方面：一是给犊牛喂奶要做到定时、定量、定温。奶温最好在 30～35 ℃；二是天冷时要铺厚垫料。垫料必须干燥、洁净、保暖。不可使用霉变或被污染过的垫料；三是对有下痢症状的犊牛要隔离，及时治疗。四是保证饲喂的精粗饲料干净，并对环境经常进行消毒。

（六）调教犊牛采食、刷拭犊牛

为了避免牛怕人、长大后顶人的现象，饲养人员必须经常抚摸、靠近或刷拭接近牛体，使牛对人有好感，让犊牛愿意接受以后的各种调教。没有经过调教采食的犊牛怕人，人在场时不采食。经过训练后，不仅人在场时会大量采食，而且还能诱使犊牛采食没有接触过的饲料。为了消除犊牛皮肤的痒感，应对犊牛进行刷拭，初次刷拭时，犊牛可能因害怕而不安，但经多次刷拭后，犊牛习惯了，即使犊牛站立亦能进行正常刷拭。

第五节　提高繁殖力的途径、技术及实施方案

繁殖力表示动物生殖机能的强弱和生育后代的能力，亦称生殖力。由一系列生理现象和许多性能指标构成，包括母牛性成熟的时期、发情周期的频率（次数）和季节性、排卵数、卵子受精率、受胎率和每次受胎的配种次数、妊娠的建立和维持、胚胎成活率、妊娠持续期、分娩情况、产仔率（分娩率）、繁殖周期、每胎产仔数、哺乳期长短以及哺育仔畜的能力等多种因素。

提高母牛繁殖力可以获得更多的畜产品，创造更高的经济效益。影响母牛繁殖力的因素有很多，只要合理解决了这些影响因素，母牛的繁殖力自然会提高。

一、影响繁殖力的因素

（一）遗传因素

牛的性成熟期、产犊间隔和难产发生率等繁殖性能具有一定的遗传性。

（二）营养因素

母牛营养不足，会造成生长缓慢，生殖器官发育受阻，性成熟期延迟，性

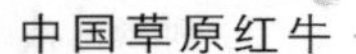

周期不规律；妊娠牛营养不足，会造成弱胎、死胎、畸形胎增加；成年牛营养不足，会引起发情异常，发情征兆不明显，发情期紊乱，排卵不正常，难配难怀等问题。

（三）配种技术

在人工授精时，操作不当、消毒不严、输精时机不妥、直肠检查不准等，均会造成繁殖力下降。在使用冷冻精液时，颗粒或细管精液制作质量差、解冻水平不高等，也会造成繁殖力下降。

（四）疾病因素

布鲁氏菌病、滴虫病、胎弧菌病等传染性疾病，以及阴道炎、卵巢炎、输卵管炎、卵巢囊肿、子宫颈炎、子宫内膜炎等非传染性疾病，都可引起母牛不孕。

（五）人为因素

没有观察到发情，配种时间太早或太晚、怀孕母牛役用过度、犊牛护理粗放、误食毒草及有毒的树叶等，都可造成母牛失配、误配、流产，或犊牛生病、死亡等损失。

二、提高繁殖力的措施

通榆县三家子种牛繁育场在长期饲养草原红牛的过程中，发现了影响繁殖率的主要因素，提出了提高繁殖率的方法和建议。

（一）母牛繁殖率低的主要原因

在农村实行经济体制改革以前，牛为集体所有，统一经营。改革以后，牛归个人所有，进行个体经营。由副业经营型向商品经营型过渡和发展。养牛产犊卖钱，有利可图，才能调动养牛者的积极性。但近些年来，产、供、销脱节，市场不活跃，只有少量私下交易，价格不甚合理。商品肉牛往往是独家经营，为了赚钱，压等压价，不以质论价，养牛经济效益差，出现了养牛不如养羊，不如种地，更不如种经济作物等实际问题。实行科学养牛更无从谈起，提高繁殖率也就不被重视。当然也存在着传统的习惯势力问题。这是一般的社会原因。

从技术角度看，主要有以下几个原因。

（1）冬春季节母牛的营养水平低是母牛繁殖率低的根本原因。母牛繁殖率低，主要是发情率低。一般发情率为60%～70%。受灾时，只有30%～50%。而发情率低，主要是营养水平低造成的。特别是冬春季节，饲草贮备不足，无风雪天不补饲草，有雪天补给不足。无雪天全靠放牧。有些地方，光靠采食野黄干草，一天还能吃个饱。黄干草体积大，营养价值低，不易消化，较长时间在胃内停留，虽能吃饱，但营养满足不了自身维持体重的需要。夏、秋贮备的营养慢慢消耗掉了。至于妊娠母牛和正在发育阶段的育成牛，影响更大。妊娠母牛，每天所吸收的营养，首先满足胎儿的需要，且动用自身贮备的营养。表面看来，母牛肚子很大，一经产犊，就现出原形，极度瘦弱。育成牛，除维持自身体重外，还要生长发育。如不补饲，自身消瘦，发育受阻。一遇灾年，首先死的是妊娠母牛和育成牛。因此，造成卵巢机能退化，激素分泌失调。即使到了夏季，营养恢复了，卵巢机能也很难恢复，致使产犊母牛当年多不发情或发情不正常。发育受阻的育成母牛，也不易发情，难于受胎，拖延了繁殖年龄。如三家子牛场，正常年景，4月15日开始配种，到6月末初配母牛已有90%发情配种，而遇到灾年，发情率只有30%～50%。体小瘦弱的初配母牛当年基本上不发情。

（2）组织、领导工作跟不上，也是一个重要原因。当前，每年都层层下达任务，但具体的组织工作和指导工作跟不上。不管是专业大户，还是联户放牧，多用半劳力或残疾人从事放牧管理。牛群组织不合理，多为公、母、大、小混群放牧管理。公牛去势不彻底。犊牛不适时断奶，有的1周岁以上仍跟随母牛吃奶，尽管吃不到多少奶，但却影响了母牛膘情、发情和配种。人工授精站，一个配种期实配母牛较少，授精员收入低，影响授精员的积极性，亦未发挥罐的作用。交通不便，土路较多，一到雨季送氮困难。人工授精效果差，反而影响养牛者的积极性。

（3）人工授精技术员事业心不强，技术水平低，精液品质差，技术操作粗糙，发情鉴定不准确，输精不准确、不适时等，都不同程度的存在。母牛分娩接生操作粗糙，激素使用不当，是母牛发生生殖器官疾病的主要原因。据调查，在母牛群中有10%～20%母牛出现生殖器官疾病。个别牛群胚胎早期死亡达20%～30%。

（二）提高母牛繁殖率的措施

正确的政策和产、供、销协调发展的经济体制，才能调动养牛者的积极性，才能出现多养牛、多投入、多产出、多效益的良性循环的局面，才能使养牛业持续稳步发展，也才有提高母牛繁殖率的可能性。

改善饲养管理条件，提高饲养管理水平，使母牛常年保持在中等以上的营养水平，是提高母牛繁殖率的基础。随着生产力水平的不断提高，饲养管理条件的不断改善，逐步地改变传统的“苏拉革式的”粗放的饲养管理方式和方法。夏季合理放牧，尽快恢复营养。秋季充分留茬，为越冬贮备营养。根据不同条件，于11—12月，当放牧不能维持其体重时，应在放牧的基础上适时补喂足够的羊草或农副产品、青贮或黄贮，并逐步向舍饲过渡，以保持中等以上膘情。生后第一个冬季的犊牛，妊娠后期的母牛，哺乳母牛，特别是初妊母牛，都应根据不同情况，再补喂1～2 kg精料。这样就可以达到早发情、多发情、正常发情。在当前营养严重不足的情况下，应首先满足热能的要求。其次是蛋白质和维生素。可用尿素作为蛋白质的补充饲料。就能如三家子牛场那样，在正常年景，可以达到四个90%以上，即发情率、受胎率、产犊成活率和犊牛育成率都达到90%以上。繁殖成活率达到80%左右。配种季节提前到4—9月。从4月15日开始配种，到6月末发情率可达到80%。产犊季节可提前到2—6月，产犊高峰在2—3月。这样就会出现：早产犊、早发情、早受胎，明年又可早产、早配的良性循环的局面，从而达到高产、稳产，提高繁殖率的目的。

同时，必须设有牛棚（舍），用以冬防寒、夏避暑，以减少为抗寒和避暑所消耗的热能。据资料介绍，牛最适宜的温度范围是4～18℃，每升高和降低1℃就要增加5%的热能消耗。气温达到30℃或－25℃时，热能要多消耗32%。如果有了棚（舍），就可减少这部分热能的消耗。用同样的饲料，就可以提高母牛的营养水平。

必须贮备足够的饲草饲料，并适时、合理地利用。如羊草、农副产品、青贮或黄贮以及能被利用的各种饲料。改变不下雪、不补饲的做法。

（三）提高受配率

（1）仔细观察母牛，及时发现发情母牛，并认真做好发情表现记录，及时配种。对长期不发情的母牛，应赶快请兽医治疗；对产后母牛，应在产犊 4 d 后注意观察是否发情。

（2）在利用公牛跟群自然交配时，青年公牛最好与配 10～15 头母牛，成年公牛最好与配 15～20 头母牛。

（3）加强母牛营养，特别是在冬季，除喂给优质的青干草、青贮、秸秆等粗饲料外，还应补饲精料，以免因枯草期营养水平低而造成严重消瘦，进而导致不发情或其他疾病。

（四）提高受胎率

（1）种公牛与受配母牛健康无病；精液品质优良。种公牛保持中上等膘情，四肢健壮，配种能力强；母牛生殖机能正常，产奶高，性情温和，母性好。

（2）人工授精时，精液品质应好，操作技术应恰当，输精时间应尽量控制在排卵前 12 h 以内，最迟也不要超过排卵后 4～6 h。

（五）提高产犊成活率

（1）及时擦净新生犊牛应嘴端黏液，为牛断脐，吃上初乳。产房应定期消毒，冬天要保暖，不使小牛遭受贼风侵袭。

（2）保证母牛充足的营养供养。母牛营养好，则乳汁分泌足。只有奶足，才能犊壮。

（3）犊牛生后 10 d，就可诱其吃料；生后 15 d，就应训练其吃草。提早采食草料，有利于牛的健康。

（4）做好肉牛繁殖记录，防止近亲交配。近亲后代，适应性差，生长发育慢，中性比例高，繁殖性能低。

第六章 常用饲料

饲料，是指所有由人类饲养的动物的食物的总称。狭义的一般饲料主要指的是农业或牧业饲养的动物的食物。肉牛常用饲料包括精饲料和粗饲料两大类。精饲料指单位体积或单位重量内含营养成分丰富、粗纤维含量低、消化率高的一类饲料，如以玉米粉、豆粕、麦麸、鱼粉等自行配制的全价饲料。粗饲料是指在饲料中天然水分含量在60%以下，干物质中粗纤维含量等于或高于18%，并以风干物形式饲喂的饲料。如牧草、农作物秸秆、酒糟等。

中国草原红牛主要以放牧饲养为主，其粗饲料主要包括羊草等牧草，精饲料采用购置成品饲料和自行配制为主。

第一节 饲料的分类

一、按营养成分分类

（一）含大量淀粉的饲料

这些饲料主要是用含大量淀粉的谷物、种子和根或块茎组成的，比如各种谷物、马铃薯、小麦等。它们主要通过多糖来提供能量，而含很少的蛋白质。

（二）含油的饲料

这些饲料由油菜、黄豆、向日葵、花生等含油的种子组成。它们的能源主要来自脂类，因此，其能量密度比含淀粉的饲料高。但是，蛋白质含量却比较低。这些原料主要用于工业。工业榨油后剩下的残渣中油的含量依然相当高，可以作为饲料，尤其对反刍动物非常适用。

（三）含糖的饲料

这些饲料主要是以“甜高粱秸秆”为主的秸秆饲料或颗粒饲料，甜高粱秸秆糖度为18%～23%，动物适口性很好。

（四）含蛋白的饲料

这些饲料中植物蛋白的含量为28%～36%，并富含18种氨基酸，是替代进口植物蛋白的最好原料。

（五）绿饲料

这些饲料主要包括草、玉米、谷物等，一般整株被喂用。它们含大量碳水化合物，其中的营养非常复杂。例如，草主要含碳水化合物，蛋白质15%～25%，而玉米则含较多的淀粉（20%～40%），而蛋白质含量则少于10%。绿饲料可以新鲜地喂用，也可以晒干后保存喂用。它们适用于反刍动物。发酵后保存的绿饲料称为青贮饲料。

（六）膨化饲料

将原料施以高温高压后减压，利用物料本身的膨胀特性和其内部水分的瞬时蒸发，使物料的组织结构和理化性能发生改变。最基本的就是为动物提供无菌化、熟化饲料，从而减少动物患病风险，同时还可以改善动物的生产性能。

（七）其他饲料

除以上所述的饲料外还有许多其他种类的饲料，这些饲料可以直接来自大自然（如鱼粉）或者是工业复制品（如米糠、酒糟、剩饭等）。

二、国际分类法

（一）粗饲料

指干物质中粗纤维的含量在18%以上的一类饲料，主要包括干草类、秸秆类、农副产品类以及干物质中粗纤维含量为18%以上的糟渣类、树叶类等。

（二）青绿饲料

指自然水分含量在60%以上的一类饲料，包括牧草类、叶菜类、非淀粉质的根茎瓜果类、水草类等。不考虑折干后粗蛋白质及粗纤维含量。

（三）青贮饲料

用新鲜的天然植物性饲料制成的青贮及加有适量糠麸类或其他添加物的青贮饲料，包括水分含量在45%～55%的半干青贮。

（四）能量饲料

指干物质中粗纤维的含量在18%以下，粗蛋白质的含量在20%以下的一类饲料，主要包括谷实类、糠麸类、淀粉质的根茎瓜果类、油脂、草籽树实类等。

（五）蛋白质补充料

指干物质中粗纤维含量在18%以下，粗蛋白质含量在20%以上的一类饲料，主要包括植物性蛋白质饲料、动物性蛋白质饲料、单细胞蛋白质饲料等。

（六）矿物质饲料

包括工业合成的或天然的单一矿物质饲料，多种矿物质混合的矿物质饲料，以及加有载体或稀释剂的矿物质添加剂预混料。

（七）维生素饲料

指人工合成或提纯的单一维生素或复合维生素，但不包括某项维生素含量较多的天然饲料。

（八）添加剂

指各种用于强化饲养效果、有利于配合饲料生产和贮存的非营养性添加剂原料及其配制产品。如各种抗生素、抗氧化剂、防霉剂、黏结剂、着色剂、增味剂以及保健与代谢调节药物等。

第二节 常用饲料

一、羊草

(一) 羊草的特点

羊草是禾本科赖草属植物的一种，秆散生，直立，高 40～90 cm，耐寒、耐旱、耐碱，耐牛马践踏，是优秀的草种。羊草又名碱草，它是欧亚大陆草原区东部草甸草原及干旱草原上的重要建群种之一。我国东北部松嫩平原及内蒙古东部为其分布中心，在河北、山西、河南、陕西、宁夏、甘肃、青海、新疆等省（自治区）亦有分布；俄罗斯、蒙古、朝鲜、日本也大量种植。羊草最适宜于我国东北、华北诸省（自治区）种植，在寒冷、干燥地区生长良好。羊草春季返青早，秋季枯黄晚，能在较长的时间内提供较多的青饲料。

羊草叶量多、营养丰富、适口性好，各类家畜一年四季均喜食，有“牲口的细粮”之美称。牧民形容说：“羊草有油性，用羊草喂牲口，就是不喂料也上膘。”花期前，羊草的粗蛋白质含量一般占干物质的 11%以上，分蘖期高达 18.53%，且矿物质、胡萝卜素含量丰富。每千克干物质中含胡萝卜素 49.5～85.87 mg。羊草调制成干草后，粗蛋白质含量仍能保持在 10%左右，且气味芳香、适口性好、耐贮藏。羊草产量高，增产潜力大，在良好的管理条件下，一般每公顷产干草 3 000～7 500 kg，产种子 150～375 kg。

(二) 放牧期与加工调制

每年 4 月中旬，羊草株高可达 30 cm 左右，至此可以开始放牧，到 6 月上中旬抽穗后，质地粗硬，适口性降低，应停止放牧。放牧时要划区轮牧，严防过重放牧。每次放牧至吃去总产量的 1/3 左右即可。也可在冬季利用枯草放牧。

宜在孕穗至开花初期，根部养分蓄积量较多的时期刈割。割后晾晒，1 d 后，先堆成疏松的小堆，使之慢慢阴干，待含水量降至 16%左右，即可集成大堆，准备运回贮藏。羊草切短后或者整棵饲喂肉牛效果均好。羊草干草也可制成草粉或草颗粒、草块、草砖、草饼，供作商品饲草。

二、玉米秸秆

（一）玉米秸秆的特点

玉米是供作饲料为主的粮、经、饲兼用作物，玉米秸秆也是工、农业生产的重要生产资源。作为一种资源，玉米秸秆含有丰富的营养和可利用的化学成分，可用作畜牧业饲料的原料。长期以来，玉米秸秆就是牲畜的主要粗饲料的原料之一。

玉米秸秆含有30%以上的碳水化合物、2%～4%的蛋白质和0.5%～1%的脂肪，既可青贮，也可直接饲喂。就食草动物而言，2kg的玉米秸秆增重净能相当于1kg的玉米籽粒，特别是经青贮、黄贮、氨化及糖化等处理后，可提高利用率，效益更可观。据测定，玉米秸秆中所含的消化能为2 235.8kJ/kg，且营养丰富，总能量与牧草相当。对玉米秸秆进行精细加工处理，制作成高营养牲畜饲料，不仅有利于发展畜牧业，而且通过秸秆过腹还田，具有更好的生态效益。

（二）玉米秸秆加工调制

随着我国畜牧业的快速发展，秸秆饲料加工新技术层出不穷。玉米秸秆除了作为饲料直接饲喂外，还有物理、化学、生物等方面的多种加工技术在实际中得以推广应用，实现了集中规模化加工，开拓了饲料利用的新途径。

1. 青贮　属于生物处理技术，是将腊熟期玉米秸秆铡碎至2～5cm长，使其含水量为67%～75%，装贮于窖、缸、塔、池及塑料袋中压实密封储藏，人为造就一个厌氧的环境，自然利用乳酸菌厌氧发酵，产生乳酸，使大部分微生物停止繁殖，而乳酸菌由于乳酸的不断积累，最后被自身产生的乳酸所控制而停止生长，以保持青秸秆的营养，并使得青贮饲料带有轻微的果香味。

2. 微贮　属于生物处理方法，把玉米秸秆切短至2～5cm，这样易于压实和提高微贮窖的利用率及保证贮料的制作质量。容器可选用类似青贮或氨化的水泥窖或土窖，底部和周围铺一层塑料薄膜，小批量制作可用缸或塑料袋、大桶等。秸秆含水量控制在60%～70%，在秸秆中加入微生物活性菌种，使玉米秸秆发酵后变成带有酸、香、酒味的饲料。微贮就是利用微生物将玉米秸秆中的纤维素、半纤维素降解并转化为菌体蛋白的方法，也是今后粗纤维利用的趋势。

3. 黄贮　这是利用微生物处理玉米干秸秆的方法。将玉米秸铡碎至2～5 cm，装入缸中，加适量温水焖2 d即可。干秸秆牲畜不爱吃，利用率不高，经黄贮后，酸、甜、酥、软，适口性增强，利用率可提高到80%～95%。

4. 碱化　是一种化学处理方法。用碱性化合物对玉米秸秆进行碱化处理，可以打开其细胞分子中对碱不稳定的酯键，并使纤维膨胀，这样便于肉牛胃液渗入，提高饲料的采食量和消化率。碱化处理主要包括氢氧化钠处理、液氮处理、尿素处理和石灰处理等。以来源广、价格低的石灰处理为例，100 L水中加1 kg生石灰，不断搅拌待其澄清后，取上清液，按溶液与饲料1∶3的比例在缸中搅拌均匀后稍压实。夏天温度高，一般只需30 h即可喂饲，冬天一般需80 h。

5. 酸化　酸贮，属于化学处理方法。在贮料上喷洒酸性物质，或用适量磷酸拌入青饲料贮藏后，再补充少许芒硝。可使饲料中的含硫化合物有所增加，有助于增强乳酸菌的生命力，提高饲料营养，抵抗杂菌侵害。该方式简单易行，能有效抵御“二次发酵”，取料较为容易。此法较适宜黄贮，可使干秸秆适当软化，增加口感和提高消化率。

6. 压块　利用饲料压块机将秸秆压制成高密度饼块，压缩可达（1∶15）～（1∶5），能大大减少运输与贮藏空间。若与烘干设备配合使用，可压制新鲜玉米秸秆，保证其营养成分不变，并能防止霉变。也可加转化剂后再压缩，利用压缩时产生的温度和压力，使秸秆氨化、碱化、熟化，提高其粗蛋白质含量和消化率。经加工处理后的玉米秸秆成为截面3 cm×3 cm、长度2～10 cm的块状饲料，密度达0.6～0.8 kg/dm^3，便于运输储存。

7. 粉碎　玉米秸秆粉碎成粉末，经发酵后喂牛，作为饲料代替青干草，调剂淡旺季余缺，且饲喂效果较好。凡不发霉、含水率不超过15%的玉米秸秆均可为粉碎原料。一般长1～2 cm，宽0.1～0.3 cm，过细不易反刍。将粉碎好的玉米秸秆和豆科草粉按3∶1的比例温水搅拌混合，堆成方形、密闭。堆内温度保持在40～50 ℃，发酵1～1.5 d，闻到曲香味时，发酵即成功，此时草粉软、熟、热、香。在发酵好的草粉中，按照每100 L加入0.5～1 kg骨粉，配入25～30 kg的玉米面、麦麸等，充分混合后，便制成草粉发酵混合饲料。

8. 膨化　属于物理生化复合处理方法，其机制是利用螺杆挤压方式把玉米秸秆粉末送入膨化机中，螺杆螺旋推动物料形成轴向流动，同时由于螺旋与物料、物料与机筒以及物料内部的机械摩擦，物料被强烈挤压、搅拌、剪切，使物料被细化、均化。随着压力的增大，温度相应升高，在高温、高压、高剪切作用力的条件下，物料的物理特性发生变化，由粉状变成糊状。当糊状物料从模孔喷出的瞬间，在强大压力差作用下，物料被膨化、失水、降温，产生出结构疏松、多孔、酥脆的膨化物，其较好的适口性和风味受到肉牛喜爱。

从生化过程看，挤压膨化时温度可达130～160℃。不但可以杀灭病菌、微生物、虫卵，提高卫生指标，还可使各种有害因子失活，提高了饲料品质，排除了促成物料变质的各种有害因素，延长了保质期。

9. 热喷　玉米秸秆热喷饲料加工技术与膨化技术都属于复合处理方法。不同的是将秸秆装入热喷装置中，向内通入饱和水蒸气，经一定时间后使秸秆受到高温高压处理，然后对其突然降压，使处理后的秸秆喷出到大气中，从而改变其结构和某些化学成分，提高秸秆饲料的营养价值。经过膨化和热喷处理的秸秆可直接喂牛，也可进行压块处理。

10. 颗粒饲料　将玉米秸秆晒干后粉碎，随后加入添加剂拌匀，在颗粒饲料机中由磨板与压轮挤压加工成颗粒饲料。由于在加工过程中摩擦加温，秸秆内部熟化程度深透，加工的饲料颗粒表面光洁，硬度适中，大小一致，其粒体直径可以根据需要在0.3～1.2cm间调整。还可以应用颗粒饲料成套设备，自动完成秸秆粉碎、提升、搅拌和进料功能，随时添加各种添加剂，全封闭生产，自动化程度较高。中小规模的玉米秸秆颗粒饲料加工企业宜用这种技术。另外，还有适合大规模饲料生产企业的秸秆精饲料成套加工生产技术，其自动化控制水平更高。

三、玉米

玉米亦称玉蜀黍、苞谷、苞米、棒子。是一年生禾本科草本植物，玉米素有长寿食品的美称，含有丰富的蛋白质、脂肪、维生素、微量元素、纤维素及多糖等，具有开发高营养、高生物学功能食品的巨大潜力。玉米不仅是重要的粮食作物和重要的饲料来源，而且是全世界总产量最高的粮食作物。

（一）玉米的特点

玉米在我国的种植已达十余省区，如吉林、河南、山东、浙江、福建、云南、广东、广西、贵州、四川、陕西、甘肃、河北、安徽、新疆等地。夏、秋季采收成熟果实，将种子脱粒后晒干用，亦可鲜用。玉米含有蛋白质、脂肪、钙、磷、铁以及维生素A、维生素E、维生素B_1、维生素B_2、维生素B_6和胡萝卜素、烟酸等成分，但其蛋白质含量低于其他谷物，营养价值比较低。玉米是肉牛精饲料。

（二）玉米的用途

世界上大约65%的玉米都用作饲料，发达国家高达80%，是畜牧业赖以发展的重要基础。

1. 玉米籽粒　特别是黄粒玉米是良好的饲料，可直接作为饲料饲喂肉牛。随着饲料工业的发展，浓缩饲料和配合饲料广泛应用，单纯用玉米作饲料的比例已大为减少。

2. 玉米秸秆　玉米秸秆也是良好饲料，特别是牛的高能饲料，可以代替部分玉米籽粒。玉米秸秆的缺点是含蛋白质和钙少，因此需要加以补充。秸秆青贮不仅可以保持茎叶鲜嫩多汁，而且在青贮过程中经微生物作用产生乳酸等物质，增强了适口性。

3. 玉米加工副产品　玉米加工副产品包括玉米湿磨、干磨、淀粉、啤酒、糊精、糖等加工过程中生产的胚、麸皮、浆液等副产品，也是重要的饲料资源，在美国占饲料加工原料的5%以上。

玉米不仅是人们的口粮和“饲料之王”，也是重要的工业原料，可加工成的工业产品达3 000多种。

四、豆粕

（一）豆粕的特点

豆粕是大豆提取豆油后得到的一种副产品，是优质的蛋白饲料原料，一般呈不规则碎片状或小颗粒状，颜色为浅黄色至浅褐色，具有烤大豆香味。豆粕的主要成分为：蛋白质40%～48%，赖氨酸2.5%～3.0%，色氨酸0.6%～0.7%，蛋氨酸0.5%～0.7%。

按照提取的方法不同，可以分为一浸豆粕和二浸豆粕两种。其中以浸提法提取豆油后的副产品为一浸豆粕，而先以压榨取油，再经过浸提取油后所得的副产品称为二浸豆粕。在整个加工过程中，对温度的控制极为重要，温度过高会影响到蛋白质含量，从而直接关系豆粕的质量和使用；温度过低会增加豆粕的水分含量，而水分含量高则会影响储存期内豆粕的质量。一浸豆粕的生产工艺较为先进，蛋白质含量高，是国内目前现货市场上流通的主要品种。

（二）主要用途

豆粕是棉籽粕、花生粕、菜籽粕等 12 种动植物油粕饲料产品中产量最大、用途最广的一种。作为一种高蛋白质饲料，豆粕是制作肉牛饲料的主要原料。

大约 85%的豆粕被用于肉牛等家禽饲养。试验表明，在不需额外加入动物性蛋白的情况下，仅豆粕中所含有的氨基酸就足以平衡肉牛的营养，从而促进营养吸收。只有当棉籽粕和花生粕的单位蛋白成本远低于豆粕时才会被考虑到使用。事实上，豆粕已经成为其他蛋白源比较的基准品。

在肉牛饲养中，豆粕是重要的油籽粕之一。玉米、豆粕的简单混合物与使用高动物蛋白制成的食品具有相同的价值。

豆粕粉碎后，加入耐高温乳酸菌菌种，如“Anp01”乳酸屎肠球菌，厌氧堆积发酵，48～72 h 后，即可得到发酵豆粉。发酵豆粉具有易吸收利用等特点。第一，豆粕经益生菌发酵水解，产生大量具有独特生理活性功能的活性肽。它的主要成分是分子质量低于 5 000 μ 的小肽混合物，易消化、吸收快、抗原性低，有效刺激肠道内有益菌的增殖，调节体内微生态菌群的结构，增加整个消化道对饲料营养物质的分解、合成、吸收和利用。第二，发酵豆粉中大量的高效益生菌在动物体内可抑制大肠杆菌、沙门氏菌等有害菌的生长繁殖，保持肠道内微生态环境处于平衡、稳定状态，避免肠道疾病发生。第三，发酵豆粉中富含多种微生物酶类，如蛋白酶、淀粉酶、脂肪酶等，可补充机体内源酶不足，加强了营养物质的消化，提高动物对饲料蛋白质和能量的利用率。第四，发酵豆粉中还富含多种营养物质，如乳酸、维生素、氨基酸、未知促生长因子等，具有特有的发酵香味，适口性好，增加动物的采食量。乳酸还可调节幼畜肠道 pH，节省饲料中酸化剂的费用，参与机体的新陈代谢，促进生长。

五、矿物质饲料

常量矿物质饲料是指在动物机体内含量占体重 0.01%以上的矿物质元素。这类元素在体内所占比例较大，常量元素主要包括钙、磷、钠、氯、硫、镁等元素。

（一）食盐

钠和氯都是动物所需的重要无机物。食盐是补充钠、氯的最简单、廉价的有效物质。食盐的生理作用是刺激唾液分泌，促进其他消化酶的作用，同时可改善饲料的味道，促进食欲，保持体内细胞的正常渗透压。食盐中含氯60%，含钠40%，饲料用食盐多属工业用盐，含氯化钠95%以上。食盐在配合饲料中用量一般为0.25%～0.5%，食盐不足可引起食欲、采食量、生产性能下降，并导致异嗜癖。采食过量时，只要有充足的饮水，一般对动物健康无不良影响，但若饮水不足，可能出现食盐中毒。因此，使用含盐量高的鱼粉、酱渣等饲料时应特别注意。可以用食盐作为载体，制成微量元素预混料的食盐砖，供给放牧牛群舔食用。在缺硒、铜和锌等地区，也可分别制成含亚硒酸钠、含硫酸铜和硫酸锌的食盐砖、食盐块使用。

（二）含钙饲料

1. 石粉　石粉为天然的碳酸钙，含钙在35%以上。同时还含有少量的磷、镁、锰等。一般来说，碳酸钙颗粒越细，吸收率越好。目前还有相当一部分厂家用石粉作微量元素载体，其特点是松散性好，不吸水，成本低。

2. 贝壳粉　贝壳粉是所有贝类外壳粉碎后制得的产物总称，包括牡蛎壳粉、河蚌壳粉以及蛤蜊壳粉等。粒度大的称为贝砂。其主要成分为碳酸钙，一般含碳酸钙96.4%，折合含钙量为36%左右。贝壳粉的价格一般比石粉贵1～2倍，在制备饲料时可以将贝壳粉与石粉混合使用，用来降低饲料成本。

3. 蛋壳粉　蛋壳粉是蛋加工厂的废弃物，包括蛋壳、蛋膜、蛋等混合物经干燥灭菌粉碎而得，优质蛋壳粉含钙34%以上，还含有粗蛋白质7%、磷0.09%。蛋壳粉是牛饲料中蛋白的主要来源之一。

（三）含磷饲料

1. 磷酸二氢钠　磷酸二氢钠为白色粉末，含两个结晶水或无结晶水，含磷26%以上，含钠19%，重金属以pb计，不超过20 mg/kg。磷酸二氢钠水溶性好，生物利用率高，既含磷又含钠，适用于肉牛饲料。

2. 磷酸氢二钠　磷酸氢二钠为白色细粒状，无水磷酸氢二钠含磷

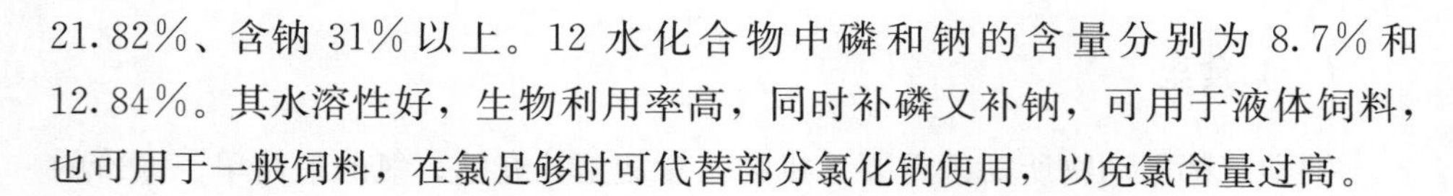

21.82%、含钠31%以上。12水化合物中磷和钠的含量分别为8.7%和12.84%。其水溶性好，生物利用率高，同时补磷又补钠，可用于液体饲料，也可用于一般饲料，在氯足够时可代替部分氯化钠使用，以免氯含量过高。

（四）钙磷平衡饲料

1. 骨粉　骨粉是以家畜（多为猪、牛、羊）骨骼为原料，经蒸汽高压灭菌后干燥粉碎而制成的产品，按其加工方法不同，可分为蒸制骨粉、脱胶骨粉和焙烧骨粉。骨粉含钙24%～30%，含磷10%～15%，含蛋白质10%～13%。骨粉的质量取决于有机物的脱去程度，有机物含量高的骨粉不仅钙、磷含量低，而且常携带有大量细菌，易发霉结块，并产生异臭，降低品质。由于原料质量变异较大，骨粉质量也不稳定。目前有逐渐向骨源磷酸氢钠方向发展的趋势，大规模饲料厂较少使用骨粉。

2. 磷酸氢钙（磷酸二钙）　磷酸氢钙为白色或灰白色粉末。含钙量不低于23%，含磷量不低于18%。铅含量不超过50 mg/kg。磷酸氢钙的钙、磷利用率高，是优质的钙、磷补充料。一般在肉牛精料补充料中添加0.3%～0.5%。

3. 磷酸钙（磷酸三钙）　磷酸钙为白色晶体或无定型粉末，含钙38.69%、磷19.97%。其生物利用率不如磷酸氢钙，但也是重要的补钙剂之一。市场上销售的淡黄色、灰色、灰中间白色等产品，都是不纯的，而且杂质相当高，特别是含磷低于16%，甚至不足15%的，质量较差，有的含氟高达1.8%以上，根本不能使用。购买时一定要注意。

4. 磷酸二氢钙（磷酸一钙）　磷酸二氢钙为白色结晶粉末，含钙量不低于15%，含磷不低于22%。其水溶性、生物利用率均优于磷酸氢钙，是优质钙、磷补充剂，适于作液体饲料。作一般饲料虽好，但价格略高些。

六、添加剂饲料

添加剂饲料是指配合饲料中加入的各种微量成分，包含微量元素、纤维素、合成氨基酸、抗生素、酶制剂、激素、抗氧化剂、驱虫药物、调味剂、着色剂和防霉剂等。一般在饲料中添加0.05%～0.5%。肉牛饲料中各种维生素、微量元素及其他营养成分的含量往往不足。通常把肉牛所需要的各类氨基酸、维生素和微量元素等预先混合配制成添加剂，用于配料。随着肉牛营养的研究与配合饲料的普及，饲料添加剂已大量发展，广泛应用。

（一）氨基酸

肉牛维持生命需要8种氨基酸：赖氨酸、蛋氨酸、色氨酸、缬氨酸、苯丙氨酸、亮氨酸、异亮氨酸和苏氨酸。为保证生长期的发育，除上述必需氨基酸以外，尚需组氨酸和精氨酸；犊牛除上列外，还需要甘氨酸、胱氨酸和酪氨酸。其中，赖氨酸、蛋氨酸和色氨酸在肉牛饲料中应用较为普遍。

1. 赖氨酸　能改善肉牛对蛋白质的利用率和牛肉品质。豆饼、鱼粉和骨肉粉中的赖氨酸含量丰富，如用来配合饲料，则一般不会感到赖氨酸不足。以玉米、棉籽饼、胡麻油饼等作饲料，蛋白质利用率较低，适当添加赖氨酸可显著提高蛋白质的利用效率。

2. 蛋氨酸　食品和饲料的强化剂，具有改善肉质、提高泌乳量的作用，其用量占饲料量的0.05%～0.30%。在配合饲料中添加0.5 kg蛋氨酸，相当于添加25 kg鱼粉。蛋氨酸已有20多年的使用历史，近10年以来发展更为迅速。世界蛋氨酸产量的年增长速率为29%。

发展蛋氨酸生产的关键，在于原料丙烯醛和甲硫醇的生产。工业合成的具有羟基的蛋氨酸类似物2-叔丁基-4,4-羟基苯甲醚（MHA）可替代蛋氨酸，在动物体内MHA吸收氨基取代羟基而转变为蛋氨酸。1.2 g MHA相当于1 g蛋氨酸。

3. 色氨酸　参与血浆蛋白质的更新；促进核黄素发挥作用；有助于烟酸、血红素的合成。肉牛缺乏色氨酸时，生长停滞、体重下降、公畜睾丸萎缩。由于色氨酸的生产成本高，经济效益差，所以全世界年产量仅数百吨。

（二）维生素

作为饲料添加剂的维生素，目前已有维生素A、维生素D_3、维生素E、维生素K_3、硫胺素、核黄素、吡哆醇、维生素B_{12}、氯化胆碱、烟酸、泛酸钙、叶酸以及生物素等。添加量除依据营养需要规定外，尚需考虑日粮组成、环境条件、饲料中维生素的利用率、肉牛体内维生素的耗损以及其他逆境的影响。

利用维生素制剂作为饲料添加剂时，应考虑其稳定性及生物学效价。如维生素A的人工合成剂的生物学效价可达100%，而鱼肝油中维生素A的生物学效价仅达30%～75%。脂溶性维生素易氧化。作为饲料添加剂使用前，必须经过处理。将维生素 A、维生素 D_3 和 α-生育酚醋酸盐等制成微型胶囊，其稳定性较好。维生素 K 主要利用人工合成的 2-甲基萘醌亚硫酸钠（维生素 K_3）。在水溶性维生素中，常用作饲料添加剂的有硫胺素硝酸盐、纯度 96%的核黄素制剂、右旋异构体 D-泛酸钙、每千克含氰钴胺 200～1 000 mg 的维生素 B_{12} 制剂、盐酸吡哆醇、氯化胆碱等。

（三）抗生素

抗生素属于非营养性的保健助生长添加剂。其主要作用是提高动物对饲料的利用率；此外，还能防治肉牛发生疾病（肠胃道病）。最常用的有金霉素、四环素、土霉素、青霉素、杆菌肽、链霉素，除这六种主要的抗生素外，尚有螺旋霉素、竹桃霉素、卡那霉素、佛氏霉素、泰氏菌素、黏菌素、弗吉尼亚霉素、春雷霉素等。

应用抗生素饲料添加剂时，要注意尽量少用或不用人畜共用的抗生素，因为这些抗生物质可能通过肉、乳等产品进入人体而使人体产生抗药性。此外，要严格按照剂量规定、交替使用各种抗生素，防止肉牛产生抗药性；屠宰前应有一定的停药期，以使肉和乳产品中抗生素物质的残留量降低到安全限度。

（四）抗氧化剂

用于防止饲料成分氧化变质。饲料中的油脂、脂溶性维生素（维生素 A、维生素 D 等）与空气接触易引起氧化分解，添加抗氧剂可保护饲料的质量。常用的有叔丁基甲苯（BHT）、叔丁基羟基茴香醚（BHA）和乙氧基喹（山道喹）。此外，还可用柠檬酸、磷酸、维生素 E（生育酚）。合成抗氧化剂从体内排出的速度一般比天然抗氧化剂速度快，基本上不会在组织内积存。选择合成抗氧化剂时，应考虑到对肉牛健康无害、剂量低、活性高、价格便宜、使用方便、不影响产品质量等要求。

（五）防霉剂

防霉剂的作用是抑制微生物的代谢和生长，用于高温潮湿季节饲料的保存。常用的防霉剂为丙酸钠和丙酸钙，每吨饲料中的添加量均为 1～2 kg，但成本较高。

（六）调味料

用以改善饲料的味道，这类调味料能明显促进肉牛的食欲，还能增加饲料的采食量，从而提高饲料的利用率。目前，主要调味料有茴香油、甘草精、橙油、醋酸异丁酯、乳酸丁酯。国外市场上出售的调味料类，有单一的制剂，也有各种香味料加上抗氧化剂、酶制剂、油脂制成的混合制剂。

（七）黏结添加剂

用于制造颗粒饲料，使颗粒坚固而不易破碎。常用的黏结剂有钠基膨润土、纸浆工业的浓液、糖蜜或脂肪。

第三节　饲料配方设计及日粮配制

一、饲料配方设计原则

肉牛日粮包括精饲料、粗饲料和青绿多汁饲料等。对肉牛饲料进行优化组合的目的是要在生产实际中获得最佳生产性能和最高利润。在考虑饲喂量、精粗料比例、适口性和成本等因素的同时，还要遵循以下原则：

（一）适宜的饲养标准

切实依照实际情况，制定了中国草原红牛饲养、育肥等地方标准，这些标准符合中国草原红牛饲养的实际情况，在生产中要根据这些标准来配制饲料。

（二）适当的精粗比例

根据牛的消化生理特点，适宜的粗饲料对肉牛健康十分必要，以干物质为基础，日粮中粗饲料比例一般在40%～60%，强度育肥期精料可高达70%～80%。

（三）充分利用当地饲料资源

因地制宜，就地取材，充分利用当地农副产品，可以降低饲养成本。

（四）饲料种类应多样化

多种饲料合理搭配，可以使营养得到互补，提高饲料利用率。所选的饲料应新鲜、无污染。

（五）合理的体积

日粮应有一定的体积和干物质含量，所用的日粮数量要使牛吃得下、吃得饱并且能满足营养需要。

就饲料种类而言，牛喜欢吃青绿饲料、精料和多汁料，其次是优质青干草、低水分青贮料；最不喜欢未加工处理的秸秆类粗料。就形态而言，喜欢吃 1 cm^3 左右的颗粒料，最不爱吃粉状料。因此用秸秆喂牛，应尽量铡得短一些，并拌以精料。

二、饲料配方设计方法

在设计饲料配方之前，要根据牛的体重、预计出栏时间以及生产牛肉的等级，从而确定日粮营养水平。也就是说确定日粮能量和蛋白质、钙、磷等营养物质的含量。牛在不同的生长阶段对各种营养物质的需要是不一样的，因此各阶段的日粮营养水平也不相同，只有满足了营养需要，才能获得理想的育肥效果。

表 6-1 每头生长育肥牛每天需要的主要营养指标

体重（kg）	干物质（kg）	综合净能（MJ）	粗蛋白质（g）	钙（g）	磷（g）
150	5.16	26.28	739	40	16
200	6.03	32.30	778	40	17
250	6.85	39.08	814	39	18
300	7.64	45.98	850	38	19
350	8.41	52.26	889	38	20
400	9.17	58.66	927	37	21
450	9.90	64.60	967	37	22
500	10.62	70.54	1 011	36	23

数据来源：《肉牛饲养标准》，中华人民共和国农业部 2004 年发布。

表 6-1 列出了我国生长育肥牛的主要营养指标。在满足主要营养需求的基础上，考虑其他各项指标。如粗纤维、脂肪、各种矿物质微量元素、各种维生素等。各种微量营养指标在市售的添加剂、预混料、浓缩料中都已经添加进去，用户只要按照说明使用即可。

饲料干物质含量=(饲料自然重量−饲料中的水分含量)/
饲料自然重量×100%

每天食入干物质的计算方法是用每天食入的各种饲料量分别乘以各种饲料的干物质含量。如精料+酒糟+干玉米秸型日粮：

每天食入的干物质量（kg）=精料食入量×精料干物质含量+酒糟食入量×酒糟干物质含量+干玉米秸食入量×干玉米秸干物质含量。

一头400kg左右的育肥牛，如果每天食入4kg精料、7.5kg酒糟、4.5kg干玉米秸，所用精料、酒糟、干玉米秸的干物质分别是86%、25%、90%，这头牛每天吃进的干物质是：

4×86%+7.5×25%+4.5×90%=9.37（kg）

其他各项营养指标的计算方法依次类推，为保证育肥牛吃饱，一般计算营养物质投给量时要高于营养物质需要量。表6-2列出几种常用的饲料原料营养物质含量参考值。

表6-2　几种常用饲料营养成分参考值

饲料种类	干物质（%）	综合净能（MJ/kg）	粗蛋白质（%）	钙（%）	磷（%）
玉米	87	7.81	8.60	0.08	0.21
豆粕	87	7.20	41.5	0.30	0.48
干玉米秸秆	90	2.53	5.90		
青贮玉米秸秆	22～27	0.6～0.8	1.4～2.4	0.1	0.06
酒糟	23～28	1.2～3.0	4.2～6.0		

三、日粮配合

日粮配合是指将各种饲料搭配饲喂，具有很强的技术性，要根据所确定的日粮营养水平科学合理地组合，即确定每头牛每天吃多少配合精料、吃多少干草或秸秆、吃多少青贮或酒糟等（表6-3至表6-6）。日粮配合如果不合理，会出现两种可能：一是满足不了肉牛的营养需要，达不到预想的育肥效果；二是营养过剩，造成浪费，得不偿失。科学合理的日粮配合，会获得显著的饲养效益。肉牛在不同的生长阶段，对饲料种类、精料与粗料的比例、饲喂量等要求都不一样，幼龄牛处于生长发育阶段，增重以肌肉为主，所以需要较多的蛋白质饲料（饼粕类）；而成年牛和育肥后期增重以脂肪为主，所以需要较高的能量饲料（玉米、油脂等）。

表 6-3　混合精料＋酒糟＋干玉米秸型日粮

牛体重 (kg)	混合精料 [kg/(头・d)]	酒糟 [kg/(头・d)]	干秸秆 [kg/(头・d)]
200～300	2.00～2.5	4～7.5	3～4
300～400	2.5～4.0	7.5～8.5	4～4.5
400～500	4.00～4.5	8.5～10.0	4左右

表 6-4　混合精料＋全株青贮玉米＋干玉米秸型日粮

牛体重 (kg)	混合精料 [kg/(头・d)]	全株青贮 [kg/(头・d)]	干秸秆 [kg/(头・d)]
200～300	1.0～2.0	7.5～10	3.0～3.5
300～400	2.0～3.0	10～12.5	3.5～4.0
400～500	3.0～4.0	12.5左右	4左右

表 6-5　混合精料＋青贮玉米秸＋干玉米秸型日粮

牛体重 (kg)	混合精料 [kg/(头・d)]	青贮玉米秸 [kg/(头・d)]	干秸秆 [kg/(头・d)]
200～300	2.25～2.75	6～8	2.5～3.5
300～400	2.75～4.5	8～9	3.5左右
400～500	4.5～5.55	9左右	3左右

表 6-6　混合精料＋干玉米秸型日粮

牛体重 (kg)	混合精料 [kg/(头・d)]	干秸秆与干草 [kg/(头・d)]
200～300	2.5～3.5	4.0～5.5
300～400	3.5～5.0	5.5左右
400～500	5.0～6.0	5左右

在肉牛的育肥阶段，精饲料可以提高牛胴体脂肪含量，提高牛肉的等级，改善牛肉风味。粗饲料在育肥前期可锻炼胃肠机能，预防疾病的发生。一般肉牛育肥阶段日粮的精、粗比例为：前期粗料为55%～65%，精料为45%～35%；中期粗料为45%，精料为55%；后期粗料为15%～25%，精料为75%～85%。在实际生产中，要根据不同种类、不同质量的原料来确定各种饲料的比例。

四、草原红牛日粮优化

不同日粮组合效应在反刍动物中普遍存在，相关研究表明：不同粗、精比的日粮，对反刍动物存在着相应的影响，即影响日粮营养物质的利用和动物的生产性能。根据这一实际情况，课题组利用我国北方常用的饲料，开展了不同日粮组合对草原红牛育肥效果的影响研究。

（一）架子牛育肥

根据吉林省饲料资源的实际，重点围绕育肥牛饲料蛋白源选择与合理利用，尤其是玉米深加工后的副产品开发利用开展研究。

从通榆县向海乡个体养牛户舍饲架子牛中，选择体重290 kg左右的草原红牛18头（15月龄左右），随机分为3个试验组。分别饲喂配方Ⅰ（大豆粕＋玉米酒精粕＋玉米麸质粕）、配方Ⅱ（玉米酒精粕＋玉米麸质粕＋尿素）和配方Ⅲ（玉米酒精粕＋玉米麸质粕＋玉米酒糟）的日粮，在封闭式牛舍短期育肥80 d。

1. 增重结果　见表6－7。

表6－7　增重结果

项目	配方Ⅰ	配方Ⅱ	配方Ⅲ
头数（头）	6	6	6
开始重（kg）	292.83	293.60	291.17
结束重（kg）	381.60	382.90	410.86
天数（d）	80	80	80
增重（kg）	88.77	89.30	119.69
日增重（g）	1 110	1 116	1 496

2. 屠宰结果　见表6－8。

表6－8　屠宰结果

项目	配方Ⅰ	配方Ⅱ	配方Ⅲ
头数（头）	6	6	6
宰前活重（kg）	362.08	364.5	391.67
胴体重（kg）	203.21	210.96	214.63

（续）

项目	配方Ⅰ	配方Ⅱ	配方Ⅲ
屠宰率（%）	56.12	57.88	54.80
净肉重（kg）	165.93	174.07	177.50
净肉率（%）	45.83	47.76	45.32
骨重（kg）	37.08	36.89	37.32
骨率（%）	10.24	10.12	9.53
剪切力值*（N）	20.78	34.89	31.75

*注：每组抽测2头，未排酸，吉林省农业科学院畜牧分院东北种猪测定站肉品分析室测定。

由试验可知，15月龄的草原红牛架子公牛（已舍饲2个月），短期育肥3个月出栏，体重达381.60～410.86 kg，日增重1 110～1 496 g，屠宰率54.80%～57.88%，净肉率45.32%～47.76%，骨率9.53%～10.24%，肌肉剪切力值20.78～34.89 N。从三种日粮组合比较来看，配方Ⅲ日粮饲喂草原红牛的出栏体重410.86 kg和日增重1 496 g最高；净肉率以配方Ⅱ日粮47.76%最高，肌肉剪切力值配方Ⅰ最小，为20.78 N。

（二）小公牛持续育肥

在通榆县三家子种牛繁育场，选购10月龄左右、体重230 kg健康的草原红牛小公牛20头，随机分为4个试验组，每组5头试验牛。按蛋白质饲料来源、比例以及粗饲料的不同设计了配方Ⅰ（大豆粕）、配方Ⅱ（葵花粕）、配方Ⅲ（玉米酒精粕＋玉米麸质）、配方Ⅳ（玉米酒精粕＋玉米麸质＋玉米酒糟）日粮。在封闭式牛舍持续育肥268 d。

1. 增重结果　见表6-9。

表6-9　增重结果

项目	配方Ⅰ	配方Ⅱ	配方Ⅲ	配方Ⅳ
头数（头）	5	5	5	5
开始重（kg）	230.6	231.4	230.9	231.5
结束重（kg）	507.4	495.6	499.6	549.5
天数（d）	268	268	268	268
增重（kg）	276.8	264.2	268.7	318
日增重（g）	1 033	986	1 003	1 187

2. 屠宰结果　见表6－10。

表6－10　屠宰结果

项目	配方Ⅰ	配方Ⅱ	配方Ⅲ	配方Ⅳ
头数（头）	5	5	5	5
宰前活重（kg）	492.3	484	488.6	539
胴体重（kg）	285.45	283.7	277.6	314.2
屠宰率（%）	57.98	58.62	56.82	58.29
净肉重（kg）	240.95	238.66	232.5	266.56
净肉率（%）	48.94	49.31	47.58	49.45
骨重（kg）	44.5	45.04	45.1	47.74
骨率（%）	9.04	9.31	9.23	8.86
骨肉比	1∶5.41	1∶5.3	1∶5.16	1∶5.58
皮下脂肪覆盖度（%）	87.0	85.0	84.0	89.0
背脂厚（cm）	0.6	0.54	0.54	0.62
肌肉剪切力值*（N）	36.36	49.49	35.08	28.71

*注：每个试验组合抽测2头牛，未排酸，吉林省农业科学院畜牧分院东北种猪测定站肉品分析室测定。

3. 脂肪酸测定结果　见表6－11。

表6－11　脂肪酸测定结果

项目	配方Ⅰ	配方Ⅱ	配方Ⅲ	配方Ⅳ
头数（头）	2	2	2	2
肉豆蔻酸（%）	3.35	2.72	2.32	1.91
肉豆蔻脑酸（%）	1.12	0.91	0.77	0.64
软脂酸（%）	28.01	32.59	28.59	26.11
硬脂酸（%）	6.29	5.5	5.63	4.38
棕榈油酸（%）	13.99	19.23	17.52	21.59
油酸（%）	44.62	38.71	42.5	42.25
亚油酸（%）	2.16	1.92	2.29	2.85

数据来源：吉林省农业科学院大豆研究所品质分析室检测。

4. 氨基酸测定结果　见表6－12。

表6-12 氨基酸测定结果

项目	配方Ⅰ	配方Ⅱ	配方Ⅲ	配方Ⅳ
头数（头）	2	2	2	2
天冬氨酸（g，以100g蛋白质计）	9.1	8.95	9.34	9.5
谷氨酸（g，以100g蛋白质计）	5.11	5.12	4.72	4.74
丝氨酸（g，以100g蛋白质计）	4.13	4.07	3.81	4.43
组氨酸（g，以100g蛋白质计）	5.21	4.34	5.05	4.6
甘氨酸（g，以100g蛋白质计）	7.67	7.75	7.22	7.47
苏氨酸（g，以100g蛋白质计）	4.71	4.64	4.3	4.89
精氨酸（g，以100g蛋白质计）	9.26	9.72	9.18	9.68
丙氨酸（g，以100g蛋白质计）	7.52	7.59	7.7	7.21
酪氨酸（g，以100g蛋白质计）	3.76	3.47	3.39	3.72
缬氨酸（g，以100g蛋白质计）	5.73	5.42	5.82	5.61
蛋氨酸（g，以100g蛋白质计）	2.61	2.45	2.3	2.55
色氨酸（g，以100g蛋白质计）	0.34	0.42	0.35	0.24
苯丙氨酸（g，以100g蛋白质计）	4.79	4.48	5.24	4.88
异亮氨酸（g，以100g蛋白质计）	4.84	4.46	5.26	4.96
亮氨酸（g，以100g蛋白质计）	9.23	9.4	9.55	9.26
赖氨酸（g，以100g蛋白质计）	9.28	9.28	9.21	9.25
羟脯氨酸（g，以100g蛋白质计）	2.17	3.21	2.13	2.15
脯氨酸（g，以100g蛋白质计）	4.54	5.26	5.43	4.86

数据来源：吉林省农业科学院大豆研究所品质分析室检测。

研究发现：出栏体重和育肥期日增重试验组合Ⅳ分别为549.5kg和1 187g，最高；与试验组合Ⅱ、Ⅲ差异显著（$P<0.05$）；其他各组合间差异均不显著（$P>0.05$）。

屠宰率、净肉率各试验组合间差异均不显著（$P>0.05$）。但就相同月龄屠宰时产肉量试验组合Ⅳ达到266.56kg，最高；分别比组合Ⅰ、Ⅱ、Ⅲ提高了10.63%、11.69%和14.65%。胴体脂肪覆盖度和背脂厚度，试验组合Ⅳ分别为89.00%和0.62cm，相对较好；肌肉剪切力值试验组合Ⅳ为28.71N，最小；而试验组合Ⅱ为49.49N，最大。

与肉品风味有密切关系的不饱和脂肪酸总含量试验组合Ⅰ为53.07%，最高，试验组合Ⅱ为45.83%，最低。各种氨基酸含量在各个试验组间变化不大；必需氨基酸和与鲜味有关的氨基酸含量试验组合Ⅰ、Ⅱ、Ⅲ、Ⅳ分别为41.9%和21.88%、40.13%和21.82%、41.68%和21.28%、41.4%和21.71%，各试验组间非常接近。就本项试验结果初步认为，日粮的蛋白源构成对牛肉中氨基酸含量没有明显影响。

根据以上分析结果，综合评价认为试验组合Ⅳ的育肥效果最好。因此，在肉牛育肥生产中，要充分利用吉林省来源广、生产量比较大的玉米深加工副产品：玉米酒精粕、玉米麸子和玉米酒糟配制育肥牛日粮，既可获得较理想的经济效益，又能使资源得到更有效的利用。

（三）不同饲料组合的体外消化试验

试验采用三头装有永久性瘤胃瘘管的成年草原红牛公牛进行3×4不完全拉丁方试验，研究了在相同营养水平下，精料＋玉米秸秆、精料＋苜蓿＋玉米秸秆、精料＋黄贮＋玉米秸秆、精料＋苜蓿＋黄贮＋玉米秸秆等4种饲料的组合效应。不同组成日粮营养物质消化率见表6-13。

表6-13　不同组成日粮营养物质消化率

料型	DEE（%）	DCP（%）	DDM（%）	DOM（%）	NDF（%）
黄秸型	74.428 9±3.313 7[ab]	83.279 8±1.989 1[a]	60.405 1±13.792 3[a]	72.832 3±1.407 2[a]	57.197 0±5.600 1[a]
秸秆型	64.682 7±9.313 0[ab]	60.742 1±9.543 8[b]	50.143 5±9.782 8[ab]	57.043 7±9.372 8[a]	49.635 4±16.966 4[a]
苜黄秸型	75.887 5±1.836 0[b]	78.248 6±2.177 6[a]	50.235 0±34.680 9[ab]	68.307 2±9.495 1[a]	66.241 2±5.529 6[a]
苜秸型	55.656 4±17.817 0[a]	56.159 0±12.011 3[b]	42.391 4±18.063 6[b]	50.561 4±17.173 7[a]	49.267 8±21.252 7[a]

注：右上角标不同字母表示组之间差异显著。

由图6-1可知，不同日粮组合对pH影响不大，虽然黄秸型日粮的pH偏低，且在饲喂后4h内达到最低，但均在6.2～7.0，各组之间差异不显著。

由图6-2可知，不同日粮组成对氨态氮影响较为明显，四种日粮组合均在采食后2h内达到最大值，苜蓿＋黄贮＋秸秆型浓度最高，而后均呈下降趋势。苜蓿＋黄贮＋秸秆型日粮下降最为明显，在6h内达到最小值，之后略有升高。而苜秸型和黄秸型日粮下降趋势较为平缓，直到采食后8h内到达最低点。

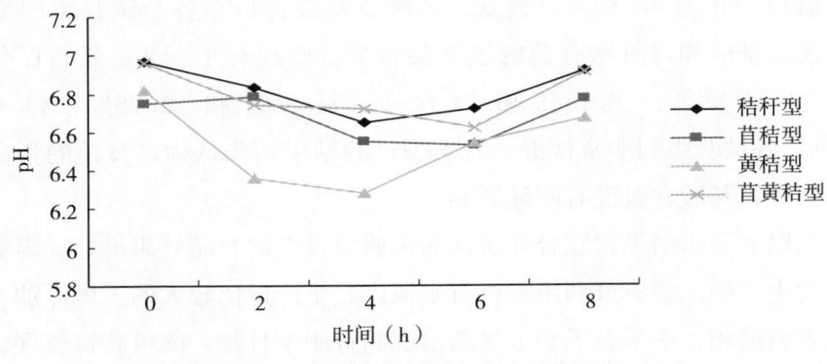

图 6-1　不同日粮组成对 pH 的影响

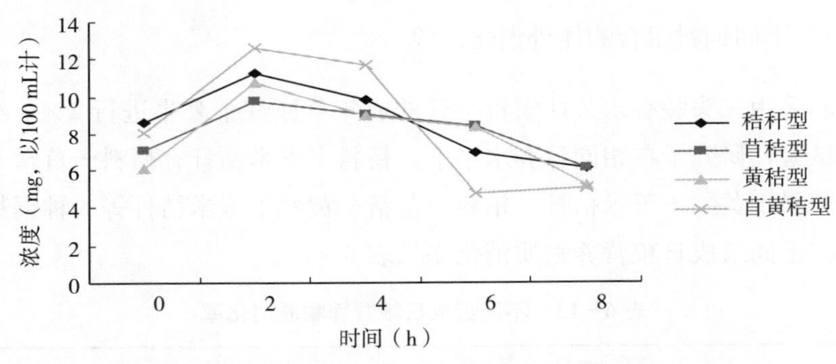

图 6-2　不同日粮组成对氨态氮的影响

图 6-3 数据显示，精料＋苜蓿＋黄贮＋秸秆型（D）日粮的干物质消化率显著高于其他各组（$P<0.05$）；秸秆型日粮（A）的干物质消化率最低，说明在营养水平一致的条件下，由于日粮组成不同，其干物质消化率不同。

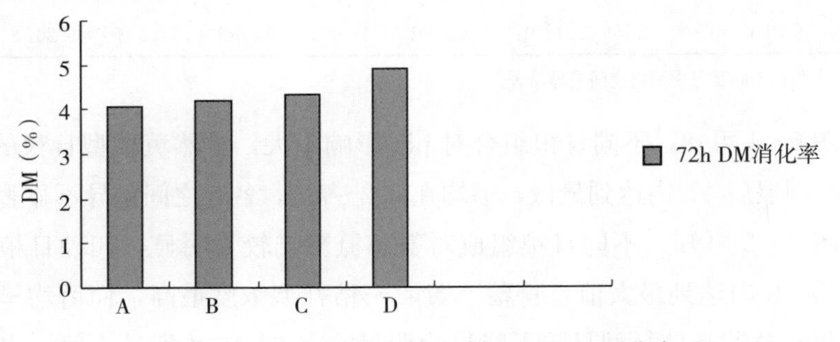

图 6-3　体外培养 72 h 干物质（DM）消化率

精料＋玉米秸秆（A）、精料＋黄贮＋玉米秸秆（B）、精料＋苜蓿＋玉米秸秆（C）、精料＋苜蓿＋黄贮＋玉米秸秆（D）

采食粗料型日粮时，瘤胃的 pH 通常在 6.2～7.0 范围内，而采食精饲料时 pH 为 5.5～6.5。本试验中，日粮组成及精粗比虽然不同，但日粮营养水平一致，瘤胃 pH 变化较小，处于正常范围。虽然日粮营养水平一致，但由于日粮组成不同，其蛋白质的瘤胃降解率存在差异，采食 2h 后各日粮蛋白质瘤胃降解达高峰，其中苜蓿＋黄贮＋秸秆型日粮变化尤为显著，以后随着培养时间的推移而趋于一致。通过消化试验得出由苜蓿、玉米黄贮饲料、秸秆等构成的营养水平一致的肉牛日粮存在着显著的互作效应，其中苜蓿＋黄贮＋秸秆型日粮组合效应最佳。这一结论对于指导养牛生产等具有重要的意义。

第四节　饲料、饲粮、日粮的含义及它在肉牛饲养中的意义

一、饲料、饲粮及日粮的含义

通常所说的饲料是指自然界天然存在的、含有能够满足各种用途动物所需的营养成分的可食物质。

由于动物生产水平的不断提高，动物生产的工业化，动物生产性能得以不断提高，要充分发挥动物生产潜力，仅靠天然饲料所提供的养分是不够的，因而各种天然的或人工合成的纯营养物质被广泛用于饲料中。当前普遍使用的各种饲料添加剂就是一例。可见上述饲料的定义已不能包含它的实际内容。可以说饲料是指能够被动物采食，并作为其日粮部分成分的物质。

中华人民共和国国家标准《饲料工业通用术语》（GB 10647—89）对饲料的定义为：能提供饲养动物所需养分，保证健康，促进生长和生产，且在合理使用下不发生有害作用的可饲物质。

按此定义，饲料既包括各种天然饲料原料，也包括由各种原料加工而成的产品，如添加剂预混料、浓缩饲料和全价饲料等。

在这一定义中，它包括两个重点：一是含有营养物质；二是可饲。在具体理解饲料的含义时，应该注意饲料一词有其数量和质量的内涵，并非任何物质只要它们含有某些营养素就可以被称为饲料，有些物质虽然含有某种营养素，但其量甚微，不一定适合当作饲料；有些物质也含有某种营养素，但也含有毒物，对动物有毒，也不能用作饲料。同时，饲料在具体应用时有其动物属性，某种物质对某些动物可用作饲料。

饲粮：全面供给动物营养的饲料混合物。

日粮：供给动物 1 d 营养所需的各种饲料的总量。

二、饲料在肉牛养殖中的重要作用

（一）促进动物产能提高的重要因素

现代动物生产实际上是人类利用动物这一生物转化器将饲料转化为动物产品的过程。提高动物生产性能，有赖于：①良好的动物品种。②包括科学利用饲料在内的有效的饲养管理。以肉牛为例，近 20 年来，个体产肉量平均每年提高 2%～3%，其中遗传贡献率占 33%～40%，而饲养管理（包括饲料、饲养、疫病防治等）因素的贡献率占 60%～67%。

（二）肉牛饲养的基础

饲料是动物所需营养物质的载体。动物所需的各种营养物质（包括碳水化合物、脂肪、蛋白质、矿物质、维生素等）都必须通过饲料来提供。饲料开支也是动物饲养中所需各种开支（包括场地折旧、购买畜禽、饲养管理、饲料、疫病防治）中最大的一笔，占饲养总成本的 50%～80%。因此，如何选用适宜的饲料原料，配制加工生产价廉质优的各种预混合饲料、浓缩饲料、配合饲料和精饲料补充料等产品，最大限度地提高饲料转化效率，对于降低饲养成本，提高饲养效率，具有重要意义，是取得生产效益和经济效益的关键环节之一。

（三）缓解了动物与人对粮食的竞争

动物与人类对粮食存在竞争关系，这点在不发达国家尤为突出。但是，如果组成动物饲料的原料是粮食加工副产品，如不适于人类利用的糠麸、酒糟、饼粕时，动物利用这些产品生产出优质的产品，则可以缓解动物与人类对粮食的竞争压力。

肉牛由于其特殊的消化道结构，对来源于作物秸秆、谷实的颖壳、牧草中的纤维素的利用率可以达到 30%～80%。肉牛生产对于缓解动物与人对粮食的竞争发挥着重要的作用。

第五节　常用饲料品质检查

饲料是一种十分复杂的混合物。因此，一种看起来似乎营养价值高、质量好的饲料，如果不通过系统的分析，不通过物理学、化学或生物手段进行检测，就无法确保这种饲料对动物有真正价值。两种看起来差不多的干草，其中一种可能含12%的粗蛋白质，而另一种粗蛋白质含量可能为18%，这只有通过化学分析才能判断出来。但仅仅知道饲料的化学组成是不够的，还必须进一步通过试验以确定饲料中各种营养成分的消化利用效率，配合饲料也是如此。如果一种饲料营养成分含量较高，但消化率、利用率低，那么这种饲料仅是一种填充料，对于肉牛并无多大益处。

一、饲料测定方法

测定饲料价值最确切的办法是用这种饲料在试验场或饲养场进行消化代谢试验和饲养试验。但这样做花费大，时间长，每一种饲料通过消化代谢试验和饲养试验评定营养价值不切合实际。因此，实验室测定就逐渐发展成为分析饲料价值的一种重要手段，如大家公认的、目前在国际上通用的 Weende 系统分析法，就是 145 年前在德国 Weende 试验站工作的两位科学家逐步发展起来的有关“饲料近似成分分析法”。随着生产与科学技术的发展，一些新的有关饲料成分分析测定和检测的方法都在不断发展与改进之中，分析的手段不断改进，分析的项目也越来越精细和广泛。

所谓“质量”乃是“一种物质本身固有品质的优劣程度”。一般是用来阐明饲料和饲料加工的优劣程度。此外，消费者对饲料的安全、卫生的要求呼声也越来越高。对生产者来说，优质饲料必须首先能提供动物充足的养分；其次，能使动物获得良好的饲用效果。但劣质饲料原料不可能组成优质的配合饲料。因此，任何一种低品质谷物或其他原料都会导致生产出来的配合饲料产品质量下降。此外，在运输、贮藏和使用过程中均应注意保证饲料的质量，如加工、贮藏条件或饲喂方式不当，也可使饲料丧失其优良品质，影响其饲养效果。因此，对饲料进行系统的检测是十分必要的。

二、饲料品质检查

优质饲料原料指的是根据化学成分和营养利用两方面来看都具有良好营养价值的原料。掺假或者向优质饲料原料里混入营养价值低或者根本没有营养价值的其他物料，这样就会生产出劣质饲料原料。低质原料是指含有较丰富的营养成分，但含有限制养分利用的天然毒素的原料。在实际生产中，在对这些原料养分、毒素含量及抗营养因子的分析基础上依据毒素和抗营养因子的有关限量标准，确定其在配合饲料中的最适合使用比例，饲料质量通常可采用以下方法进行检测。

（一）饲料显微镜检测

饲料显微镜检测的主要目的是借外表特征（体视显微镜检测）或细胞特点（生物显微镜检测），对单独的或者混合的饲料原料进行鉴别和评价。如果将饲料原料和掺杂物或污染物分离开来以后再做比例测量，则可借显微镜检测方法对饲料原料做定量鉴定。总之，无掺假或污染的饲料原料，其化学成分与本地区推荐或报告的标准或者平均值将非常接近。借助饲料显微镜检测能告诉饲料原料的纯度，若有一些经验者还能对质量做出令人满意的鉴定。这种方法具有快速准确、分辨率高等优点。此外，还可以检查用化学方法不易检出的项目如某些掺假物等。与化学分析相比，这种方法不仅设备简单（用50～100倍放大镜和100～400倍立体显微镜）、耐用、容易购得，而且在每个样品的分析费用方面要求都少得多。商品化饲料加工企业和自己生产饲料的大型饲养场都可以采用这种方法，对饲料原料的质量进行初步评估。

（二）点滴试验和快速试验

为了检测某种影响饲料质量的物质是否存在，许多快速化学试验法和点滴试验法已研究出来。在鉴定饲料原料和全价饲料的真实质量上，对化学分析和饲料显微镜检测都有帮助，大豆制品的脲酶活性分析可以反映出大豆制油加工过程中蒸炒的是否充分以及养分的利用情况。加上几滴50%的盐酸溶液，并注意二氧化碳气泡的形成，或者分离出四氯化碳中的掺杂物，即可鉴别出米糠中掺和的石灰石粉末，为了检查预混料和全价饲料中是否有某些药物、其他饲料添加剂以及矿物质和维生素，许多点滴试验方法已经研究出来，这些方法中有许多非常简便，一般养殖场也可以做，而有些技术则需要复杂的、相当贵的化学试剂，所以其应用仅限于商品化饲料生产。

饲料显微镜检测和点滴试验可在不同规模饲料生产企业中予以应用。在饲料加工生产过程中采用各种方法进行饲料质量检测是最理想的。然而，实际上饲料生产的规模影响检测方法的应用。对日产量大、价格和质量具有竞争性的商品化饲料生产者来说，保证进厂饲料原料和出厂饲料产品两者的质量都非常重要。有必要将饲料显微镜检测与点滴试验、快速试验以及化学分析相结合，从而把所有的饲料质量检测方法全部都利用起来，进行综合评定。对于小规模的饲料产地加工企业和饲养场，一般无力提供装备精良的实验室进行化学分析，建议将开展定性、定量的全面饲料显微镜检测与某些快速试验和点滴试验相结合。总之，这些小厂和养殖场一般能够有效地采用饲料显微镜检测以及某些点滴、快速试验方法，如脲酶活性检验、尿素检验、石灰石掺假检验以及简单的浮选法检验，所有这些技术全都非常简单而实用。只要稍加培训推广，一些小型饲料加工厂和饲养场就能以较低的成本生产出优质的饲料来。

（三）化学分析

化学分析是饲料分析测定中最为普遍采用的方法。饲料原料的化学成分，通常包括常规营养成分如水分、蛋白质、乙醚浸出物（油脂）、粗纤维、中性洗涤纤维、酸性洗涤纤维、粗灰分、能量，18 种氨基酸和矿物质元素，包括常量元素钙、磷、钠、氯、镁等和微量元素铁、铜、锰、锌、碘、硒等，各种维生素，有毒有害物质包括无机有毒有害物质如砷、铅、镉、汞、铬、氟等，天然有毒有害物质如棉籽粕中的游离棉酚、菜籽粕中的异硫氰酸酯和噁唑烷硫酮，次生有毒有害物质如霉菌毒素等都可通过化学分析，获得实际的含量，并通过与标准做比较来评价其质量。

通过化学分析获得的被检分析原料的真实养分含量数据，可直接用于饲料配合。含量比较高的常规营养成分和常量矿物元素等成分的分析，不需要昂贵的设备，仅借助简单和普通的设备和设施就可开展工作，但需要训练有素的化学分析人员和技术工人。饲料企业和养殖企业都应该装备开展这些项目的实验室，以满足饲料质量控制的需要。

饲料中维生素、微量元素、氨基酸、有毒有害物质、药物等由于含量较低，它们的测定都需要借助先进的大型仪器设备，如高效液相色谱、原子吸收分光光度计、离子交换色谱氨基酸分析仪、薄层色谱、层析、液相色谱质谱仪和气相色谱质谱仪等进行，仪器分析的准确度、精确度和灵敏度都非常高，检测限可达 mg/kg、ug/kg，甚至 ng/kg 水平。但设备昂贵，实验室的设施条件要求也较高。所以，只有大型的商业性饲料企业、科研院所和专门从事饲料质量检验机构才有能力和有必要装备大型先进设备。

化学分析方法仅能提供某成分的含量情况，如饲料中最为重要的养分——蛋白质，用凯氏定氮法测定，以粗蛋白质表示（N×6.25）。所得结果不能揭示氮是来自原料中的蛋白质，还是掺杂物中的蛋白质或者样品中掺和的非蛋白氮。此外，对原料所含养分的利用情况难以明示。为了使这种方法得到最佳应用，利用其他饲料质量检测方法对化学分析数据做相应的分析整理，并可通过几个指标，做出综合性准确判断。

（四）近红外光谱技术

近红外光谱技术（简称 NIRS）是 20 世纪 70 年代兴起的有机物质快速分析技术。近红外光谱分析技术在测试饲料前只需对样品进行粉碎处理，应用相应的定标软件，在 1 min 内就可测出样的多种成分含量。由于其具有简便、快速、相对准确等特点，许多国家已将该技术成功地应用于食品、石油、药物等方面的质量检测。在饲料质量检验方面，不仅用于常量成分分析，而且在微量成分氨基酸、有毒有害成分的测定，以及饲料营养价值评定，如单胃动物有效能值、氨基酸利用率、反刍动物饲料营养价值评定方面也获得了许多可喜的成果。该技术还应用于许多先进的饲料厂的原料质量控制、产品质量检测等现场在线分析。

近红外光谱技术虽然具有快速、简便、相对准确等优点，但该法估测准确性受许多因素的影响。其中以样品的粒度及均匀度影响最大，粒度变异直接影响近红外光谱的变异。虽然在样品光谱处理时采用了二阶导数，减少了粒度差异引起的误差，但在实际工作中更重要的是使定标及被测样品制样条件一致，保证样品粒度分布均匀，减少由于粒度变异引起的误差。

三、中国草原红牛饲料品质检查

饲料品质检查是一个复杂的、系统的工程，包括了饲料样品的采集与制备、饲料物理性状检查、常规成分分析、热能测定、氨基酸测定、矿物质元素测定、有毒有害物质检查以及加工品质检查等多个环节。中国草原红牛多采用放牧饲养，因此需要注重牧草品质的检查。草原红牛的主要饲料通常有：羊草、玉米青贮、酒糟和玉米为主的精饲料。

（一）羊草

通过实地采集通榆县草原红牛养殖区7月的混合鲜羊草样本，在吉林省农业科学院环资实验室对采集的草样进行营养成分分析，测定的试验数据见表6-14。

表6-14 通榆县羊草营养成分

样品	粗蛋白质（%）	粗纤维（%）	干物质（%）	全磷（%）	全钾（%）	镁（mg/kg）	钙（mg/kg）	铜（mg/kg）	锌（mg/kg）
鲜羊草	6.82	8.0	33.41	0.066 5	0.76	575	946	3.10	7.13

经测定，通榆县放牧期鲜草样本铜含量3.10 mg/kg，而国家对母牛铜的最低推荐量为10.00 mg/kg；缺少达6.90 mg/kg；鲜草锌含量为7.13 mg/kg，国家最低推荐量为30.00 mg/kg，缺少22.87 mg/kg。由此看来，草原红牛母牛群在放牧条件下，铜和锌等微量元素的缺乏是很严重和普遍的，即使在放牧期也需要应用营养舔砖等形式满足草原红牛微量元素的需要。

在冬季，草原红牛放牧区以羊草等杂草的干草为主要粗饲料，并饲喂少量玉米面精料，经实地测定，通榆地区羊草干草样本及玉米面的营养成分平均值见表6-15。

表6-15 通榆羊草干草及玉米面营养成分

样品	干物质（%）	有机物（%）	钙（%）	磷（%）	粗蛋白质（%）	粗脂肪（%）	中性洗涤纤维（%）	酸性洗涤纤维（%）	总能（J/g）
羊草	93.71	88.04	0.27	0.15	6.19	2.57	65.51	36.78	17 773
玉米面	90.57	83.28	1.07	0.71	17.79	3.95	16.60	5.07	16 172

通榆地区冬季草原红牛越冬时完全可以以羊草干草为粗饲料，并添加少量玉米精料及添加剂就可以满足其生长及育肥需要。

（二）酒糟

酒糟的成色不能由它的粗细程度来分，一般要看酒糟的成色好坏：一看、二闻、三握。一看，是看酒糟的色泽，一般上等酒糟色泽鲜亮，比咖啡色略浅一些；二闻，是闻一闻酒糟的味道，好的酒糟有一种略带酸味的酒香气味，千万不能有其他的霉味或污臭味；三握，就是用手抓起来，握紧拳头，然后松开，好的酒糟松散度不是太大，抓酒糟的手上会有略微的黏沾感，但不应该是太黏。这样就会选出好的酒糟。

（三）玉米青贮

青贮饲料是以新鲜的青刈饲料作物、牧草、野草、玉米秸、各种藤蔓等为原料（单做或混合均可），切碎后装入青贮窖或青贮塔内，隔绝空气，经微生物的发酵作用制成的饲料。

玉米秸青贮饲料质量的优劣，可用感官来鉴定。其判定标准是：

1. 较好　颜色青绿色或黄绿色，近于原色，有光泽；气味芳香，酒酸味给人舒适感；湿润、紧密，但容易分离，茎、花、叶保持原状。

2. 一般　颜色黄褐色或暗色；有刺鼻酸味，香味淡；水分稍多，柔软，茎、花、叶能分清。

3. 不合格　颜色黑色或褐色；有刺鼻腐败味或霉味；腐烂、发黏、结块或过干。

第七章 营养需要、饲养和管理技术

营养需要是指动物在最适宜环境条件下，正常、健康生长或达到理想生产成绩对各种营养物质种类和数量的最低要求，简称“需要”。营养需要量是一个群体平均值，不包括一切可能增加需要量而设定的保险系数。

制订这种营养需要的目的是为了使营养物质定额具有更广泛的参考意义。因为在最适宜的环境条件下，同品种或同种动物在不同地区或不同国家对特定营养物质需要量没有明显差异，这样就使营养需要量在世界范围内可以相互借用参考。为了保证相互借用参考的可靠性和经济有效地饲养动物，营养物质的定额按最低需要量给出。对一些有毒有害的微量营养素，常给出耐受量和中毒量。

营养需要中规定的营养物质定额一般不适宜直接在动物生产中应用，常要根据不同的具体条件，适当考虑一定程度保险系数。其主要原因是实际动物生产的环境条件一般难以达到制订营养需要所规定的条件要求。因此，应用营养需要中的定额，认真考虑保险系数十分重要。

营养需要包括维持需要、生长需要、运动需要、妊娠需要和哺乳需要五大类。中国草原红牛选育提高和日常生产中多参照美国 NRC 标准。

第一节 种公牛的营养需要、饲养及管理技术

公牛在日常生产中主要有两个作用，其一是作为种公牛，繁殖后代；其二是育肥用，生产牛肉及其副产品。

育肥就是要增加肉牛体内的肌肉和脂肪，并改善肉的品质。增加肌肉组织，主要是蛋白质，其中也有少量的脂肪。增加的脂肪主要沉积在皮下结缔组织和肌肉组织及纤维内部。给育肥牛提供的营养必须要超过它本身维持营养需要量，才有可能在体内生产肌肉和沉积脂肪，育肥肉牛包括生长过程和育肥过程。

种公牛饲养不同于肉牛育肥，一般种公牛每周要采精两次，每次可根据情况和需要连续排精两回。因此，相对于育肥牛而言，种公牛甚至后备种公牛需要更多的营养。

一、种公牛的饲养

饲养种公牛的目的是生产出数量多、品质优的精液。因此，种公牛饲养过程中要注意保持其体质健壮，膘情中等，精力充沛，体况良好，不能过于肥胖或者瘦弱。

种公牛饲养过程中要保证精饲料的供给，同时，要给公牛提供充足的优质青绿饲料或者青干草，让其自由采食，特别是在冬季或者草料匮乏的季节，要准备足够的干草，使其保持适宜的体况和强健的身体，为今后优良精液的产生奠定基础。种公牛对适口性好、易消化的多汁饲料更感兴趣，在采精的前几天额外补充优质高效的蛋白质饲料，如鸡蛋、牛奶等可以明显提高肉用种公牛精液的品质。

为了保证精液的质量，延长种公牛的利用年限，要为其提供营养全面并且均衡的饲料，其中粗蛋白含量为14%～18%，过量会对精子的形成不利；能量维持在6.7～7.5 MJ/kg。种公牛对磷的需求量较高，如果含磷饲料饲喂过少，应额外补充，并且要保证钙、磷比例为1∶2，食盐含量为0.1%。精子的形成离不开微量元素和维生素的作用，特别是维生素A，可以直接影响精子的形成，如果缺乏会导致精子畸形率、死精率增加，活力下降，种公牛的性欲下降，因此在枯草期或者粗饲料品质不好时，要饲喂种公牛胡萝卜等富含维生素A的粗饲料。另外，维生素、食盐以及钙、磷等矿物质元素对促进种公牛的消化机能以及精液品质都有着重要影响，因此要按需求供给。不同的种公牛间存在着个体差异，饲喂量以及对营养的需求也不同。

对于后备种公牛，要根据种公牛的体况以及生长速度适当地调整饲喂量以及饲料中的营养成分，以保证每个种公牛都能正常生长发育。

二、种公牛的管理

运动可以使种公牛体格强健，骨骼健康，性欲旺盛，行动灵活，性情温驯，并且能够提高精液的质量；还可以避免体况过肥以及肢蹄变形。因此，每天都要保证种公牛有足够的运动量，避免整日地拴着不动，否则会影响种公牛的健康以及采精工作。这是种公牛饲养过程中一项重要的工作。

每头种公牛要有单独的圈舍或者围栏，要有专人来管理，通过长期的接触，可以建立良好的人畜感情，以养成牛听人指引和对人无敌害行为的习惯。对待种公牛要谨慎细心，严禁打骂和逗弄。种公牛应戴上笼头和鼻环，便于牵引和拴系，并且要经常检查笼头、鼻环和缰绳，以防逃脱而相互角斗。

定期对种公牛进行称重，最好每日都称重 1 次，并且要根据称重的结果及时调整日粮的配方，以保证种公牛的体况一直处于中等膘情，因为处于中等膘情的种公牛精液的品质最好，性欲最强。每天都要刷拭牛体 1～2 次，并且在刷拭后进行沐浴冲洗，以保证牛体的清洁，可以有效预防各种寄生虫病的发生。同时，可以每天对种公牛的睾丸用温水擦拭和按摩，提高种公牛的繁殖性能。

掌握好肉用种公牛的采精频率可以保证精液的质量，并且可以延长种公牛的使用年限，图 7－1 为采集中国草原红牛种公牛精液。一般种公牛在 18 月龄开始采精，最初可每隔 10～15 d 采精 1 次，逐渐增加到每隔 3～4 d 采精 1 次。采精频率除了要看种公牛的年龄，还要注意季节性，一般夏季采精频率为每周

图 7－1　采集中国草原红牛种公牛精液

1次，冬、春季节的采精频率每周2～3次。采精最好安排在早上或者晚上采食2～3h后进行。种公牛的精液在3～4岁时的品质最好，到5～6岁时，繁殖性能下降，此时可以采取相应的措施来提高种公牛的繁殖性能，以延长种公牛的使用年限。

第二节　母牛的营养需要、饲养及管理技术

母牛养殖一般可分为干乳期、妊娠期、泌乳期三个阶段，做好这三个阶段的饲养管理，对于母牛饲养是十分必要的。

一、干乳期

干乳期一般指产前2个月左右至分娩前。母牛在干乳期可弥补由于长期泌乳或因妊娠后期胎儿迅速发育而导致的养分亏损，并为下个泌乳期准备条件。干乳期一般为60d左右。这时期按日产奶10～15kg营养需要饲养，同时注意补充矿物质和维生素，并加强运动。

一般草原红牛怀胎后期自然干奶；个别奶量高的母牛，要在怀孕7个月后人工停奶。每天逐渐减少挤奶次数，延长间隔时间；每次挤奶必须挤净，有利于母牛干乳。干乳期母牛要保持乳房和牛体的清洁卫生，按时刷拭。注意保胎，严禁恫吓、鞭打与互相顶撞。要注意观察乳房的变化。干乳后，可向乳头内注入抗生素防止乳腺炎的发生。有乳腺炎的母牛在治愈后再进行干奶。干奶期间禁止饲喂霜冻、霉变的饲草和饲料，严禁饮用冰冷水。

二、妊娠期

（一）妊娠前期的饲养管理

1. 饲养　临产前母牛应该饲喂营养丰富、品质优良、易于消化的饲料；应逐渐增加精料，但最大喂量不宜超过母牛体重的1%，精料中可提高一些麸皮含量，补充微量元素及维生素，并采用低钙饲养法。临产母牛不可突然改变饲养方式。产前乳房膨胀明显的母牛，产前3～5d适当减少精料的给量。此外，还应减喂食盐，禁止饲喂甜菜渣（甜菜渣含有甜菜碱，对胎儿有毒性），

绝对不能喂冰冻、腐败变质和酸性大的饲料。前期日粮组成：糟粕料和块根茎料5 kg，混合料3～6 kg，优质干草3～4 kg，青贮饲料10～15 kg。

产犊后1～2 d，应喂给易消化的饲料或优质干草，适当控制食盐给量，不得饮用冰冷水。产犊后3～4 d，逐渐增加精料，每天至少增加300～400 g，直到达到标准供给量为止。产犊后1周，若奶牛食欲良好，消化正常，恶露排净，乳房生理肿胀消失，可以放牧饲养。

2. 管理　降低饲养密度，减少牛抢食饲料和相互抵撞；禁止饲喂霉变饲料、不饮脏水；冬季禁止饲喂冰冻饲料、冰碴水，以防止流产；同时加强运动，利于分娩。临产前2周，转入产房，单独饲养，以饲喂优质干草为主。

根据预产期，做好产房、产间清洗消毒及产前的准备工作。母牛一般在分娩前15天转入产房，以使其习惯产房环境。在产房内每头牛占一个产栏，不用拴系，任母牛在圈内自由活动；母牛临产前1～6 h进入产间，对母牛后躯、外阴进行清洗消毒。产栏应该事先清洗消毒，并铺以短草。

正常分娩母牛无须助产，需要助产的母牛，要由专业人员进行。母牛分娩后，及时使其站起，饮以温水，喂以优质干草。用温水或消毒液清洗后躯、牛尾及乳房，清出牛舍粪便，更换清洁柔软垫草。母牛分娩后的60～90 min，进行第一次挤奶，当天挤出的初乳够犊牛吃即可，不能挤净；第二天挤出的奶量为正常产量的1/3；第三天挤出正常产量的1/2；第四天挤出正常产量的3/4或全部。及时清除舍内粪便及污物。

（二）妊娠后期的饲养管理

1. 饲养　妊娠后期是妊娠180 d至产犊前的这一段时间，此阶段是胎儿发育的高峰期，胎儿吸收营养占日粮营养水平的70%～80%，应适当控制日粮饲喂量，每日饲喂精饲料2 kg，秸秆青贮饲料10～12 kg。母牛分娩过程体力消耗很大，产后体质虚弱，饲养原则是促进体质恢复。刚分娩后应给母牛喂饮温热麸皮盐钙汤或小米粥。

麸皮盐钙汤的做法是：温水10～20 kg、麸皮500 g、食盐50 g、碳酸钙50 g。

小米粥的做法是小米750 g左右，加水18 kg左右，煮制成粥加红糖500 g，晾至40 ℃左右饮喂母牛。

产后2～3 d内饲喂的日粮应以优质干草为主，精料可饲喂一些易消化的如麸皮和玉米等，每天3 kg。2～3 d后开始逐渐用配合精料替换麸皮和玉米，一般产后第3天替换1/3，第4天替换1/2，第5天替换2/3，第6天全部饲喂配合精料。母牛产后7 d如果食欲良好，粪便正常，乳房水肿消失，可开始饲喂青贮饲料和补充饲喂精料。精料的补加量为每天加0.5～1 kg。同时可补加过瘤胃脂肪（蛋白）添加物，减少负平衡。母牛产后的前7 d要饮用37℃的温水，不宜饮用冷水，以免引起胃肠炎，7 d后饮水可降至10～20℃。

要保持中上等体况。应用体况评分技术（BCS）或膘情评定技术监测牛群整体营养状况。具体评价方法和评分标准见表7-1。

表7-1　体况评分标准

分值	评分标准
1	触摸牛的腰椎骨横突，轮廓清晰，明显凸出，呈锐角，几乎没有脂肪覆盖其周围。腰角骨、尾根和腰部肋骨凸起明显
2	触摸可分清腰椎骨横突，但感觉其端部不如1分那样锐利，尾根周围有少量脂肪沉积，腰角和肋骨眼观不明显
3	用力下压才能触摸到短肋骨，尾根部两侧区域有一定的脂肪覆盖
4	用力下压也难以触摸到短肋骨，尾根周围脂肪柔软。腰肋骨部脂肪覆盖较多，牛整体脂肪量较多
5	牛的外形骨架结构不明显，躯体呈短粗的圆筒状，短肋骨被脂肪包围，尾根和腰角几乎完全被埋在脂肪里，腰肋骨和大腿部明显有大量脂肪沉积，牛体因此而影响运动

注：介于两个等级之间，上下之差为0.5分。

简易的膘情判断方法看肋骨凸显程度，距离牛1～1.5 m处观察，看不到肋骨说明偏肥、看到3根肋骨说明膘情适中、看到4根以上肋骨说明偏瘦。

2. 管理　首先，尽量让母牛自然分娩，需要助产时，应在兽医的指导下进行。

其次，母牛分娩后，要清理产间，更换褥草。

再次，母牛产后经30 min至1 h挤奶，挤奶前先用温水清洗牛体两侧、后躯、尾部，最后用0.1%～0.2%的高锰酸钾溶液消毒乳房。开始挤奶时，每个乳头的第一二把奶要弃掉，一般产后第一天每次只挤2 kg左右，够犊牛哺乳量即可，每次挤奶时应热敷按摩5～10 min，第二天每次挤奶1/3，第三天挤1/2，第4天才可将奶挤尽。分娩后乳房水肿严重，要加强乳房的热敷和按摩，促进乳房消肿。

最后，母牛产后4～8h胎衣自行脱落。脱落后要将外阴部清除干净并用来苏儿消毒，以免感染生殖道。胎衣排出后应马上移出产房，以防被母牛吃掉妨碍消化。如果12h还不脱落，要采取人工辅助措施剥离。母牛产后应每天用1%～2%的来苏儿洗刷后躯，特别是臀部、尾根、外阴部。每日测1～2次体温，若有升高及时查明原因进行处理。

母牛产期护理好坏将影响牛的健康（包括乳房、子宫、膘情等），直接关系以后泌乳期产奶量和生产性能。这一阶段母牛生理上变化较大，抵抗能力下降，易患病，必须进行科学的饲养管理和有效的健康监护。所以要求工作人员应具有丰富的管理经验和强烈的责任心，产前7d开始药浴乳头，产后坚持药浴。挤奶时要注意牛体、乳房和个人卫生。要减少由于机械因素和其他人为意外因素而引起的乳腺炎。产房和运动场地每日要严格、按时消毒。

三、泌乳期

母牛分娩过程体能消耗很大，分娩后应及时为其补充水分和营养。正常分娩的母牛经适当休息后，应立即让其站立行走，并饲喂或灌服10～15L温热的麸皮盐水（温水10～15L、麸皮1kg、食盐50g）或益母生花散（500g+温水10L）。同时注意产后观察和护理。

第一，分娩后2～3d，日粮以易消化的优质干草和青贮饲料为主，补充少量混合精饲料，精饲料蛋白质含量要达到12%～14%，富含必需的矿物质、微量元素和维生素；每日饲喂精饲料1.5kg、青贮4～5kg、优质干草2kg。

第二，分娩4d后，逐步增加精饲料和青贮饲料的饲喂量，每天增加精饲料0.5kg、青贮饲料1～2kg。同时注意观察母牛采食量，并依据采食量变化调整日粮饲喂量。

第三，分娩2周后，母牛身体逐渐恢复，泌乳量快速上升，此阶段要增加日粮饲喂量，并补充矿物质、微量元素和维生素。每天饲喂精饲料3.0～3.5kg、青贮10～12kg、优质干草1～2kg。日粮干物质采食量9～10kg，粗蛋白含量10%～12%。

第四，哺乳期是母牛哺育犊牛、恢复体况、发情配种的重要时期，不但要满足犊牛生长发育所需的营养需要，而且要保证母牛中上等膘情，以利于发情配种。此期应根据母牛产乳量变化和体况恢复情况，及时调整日粮饲喂量，饲喂方案详见表7-2。

表 7-2 母牛泌乳期日粮组成（参考配方）

母牛泌乳阶段	精饲料（kg）	苜蓿干草（kg）	黄贮（kg）
产后1月（高泌乳期）	3.5	1.0	12.0
产后2月（中泌乳期）	3.0	1.0	12.0
产后3～4月（低泌乳期）	2.0	1.0	12.0

母牛挤奶前对产奶母牛的乳房清洗、消毒。充分按摩乳房，使乳房膨胀，乳静脉扩张，产生排乳反射后挤奶。挤奶将结束时，再次按摩乳房，以使奶水充分挤净。在挤奶过程中，严禁惊吓、鞭打。

综合应用母牛饲养管理、体况评分、发情控制和人工授精技术。通过科学控制母牛营养供给、合理调控母牛体况，及时监控母牛生殖系统健康，促进母牛产后恢复，使母牛早发情配种，缩短产犊间隔，降低饲养成本。可促进犊牛生长发育，实现犊牛早期断奶，缓解带犊、哺乳对母牛繁殖性能的影响。

四、育成母牛饲养管理

（一）饲养

此阶段主要以放牧饲养为主，使其尽可能采食粗饲料，以促进消化系统发育。

冬春季节适当补饲，每日1次，在夜间归牧后进行。每次供给精料量为1.5～2 kg，青贮5～10 kg，羊草3～5 kg。

每日饮足清洁水2次。

（二）管理

每天仔细观察牛的精神状态、粪便、发育、发情等情况，发现异常情况及时查找原因。

每天刷拭一次，保持牛体清洁，严禁惘吓及鞭打。结合补料做好调教，用手触摸牛的各个部位，使其性情温驯。青年牛在产前2～3个月，开始触摸乳房（严禁捏压乳头），便于日后挤奶。

牛舍要保持清洁、干燥；饲喂用具保持清洁，定期消毒。

根据育种要求，定期测量体尺、体重，进行外貌鉴定，对生长发育不良或不符合品种特征的牛及时淘汰。

及时转群，按时配种，做好发情、配种记录。

第三节　犊牛的营养需要、饲养及管理技术（初生期、断奶期）

一、饲养

（一）哺喂初乳

母牛产犊后 5～7 d 分泌的奶称为初乳。初乳中还含有溶菌酸和抗体，能杀灭多种病原微生物。初乳进入犊牛胃后，能刺激消化腺大量分泌消化酶，以促进胃肠机能的早期活动。

为了使犊牛健壮，迅速生长发育，出生后吃初乳的时间应越早越好，吃的量也以多些为好。一般应在犊牛生后 30～60 min 能自行站立时喂第一次初乳。不可无故拖延时间，更不能把初乳倒掉。初乳的喂量，依犊牛体重的健康情况而定。35 kg 左右的犊牛，体质健康的，第一次喂饲应尽量让其吃足，一般可吃 1～1.5 kg。以后可以按体重的 1/7～1/6 喂给。如母牛发病，可喂给同期分娩的其他母牛初乳。

初乳喂 5～7 d，每天喂 4 次。喂初乳的时间最好与犊牛母亲挤乳时间一致，以便挤完就喂。如果初乳温度低，要加热到 37～38 ℃再喂，以免引起消化不良。但加温不可过高，如果超过 40 ℃，初乳会凝固，不易消化。

（二）哺喂常乳

犊牛经过哺喂 1 周初乳后，即可转入哺喂常乳。30 日龄内，奶温要保持在 36～38 ℃，以后逐渐降到 15～20 ℃。大部分牛场犊牛喂奶量为 300～400 kg，哺乳期 2～3 个月。而少数体大或高产的牛群，可喂到 600～800 kg，哺乳期为 3～4 个月。草原红牛经过改良后泌乳量显著提升，一般采用随母牛自由采食的方式饲喂母乳。

（三）提早喂给植物性饲料

犊牛出生后 1 周，就可以投给优质干草，训练其采食，任其自由咀嚼，可防止犊牛舔食脏物或污草，并能促进胃提早发育。犊牛生后10 d就开始训练吃精饲料，将麸皮、豆饼、玉米面等加少量鱼粉、食盐、骨粉混合成干粉料，每日喂15～25 g，放在饲槽内任牛犊舔食。一般在出生后20 d开始在混合精料中加入切碎的胡萝卜或甜菜20～30 g，到2月龄时，日喂量达到1～1.5 kg，3月龄可增加到2～3 kg，以促进消化器官发育。

（四）早期断奶

所谓早期断奶，就是将过去5～6个月哺乳期，耗奶800～1 200 kg，缩减到2～3个月，耗奶300～400 kg，以配制营养丰富、精度很高的人工乳或代乳料来培育犊牛。这样可节省大量“饲料用乳”，降低生产成本。

早期断奶能否成功的关键，除提早补喂干草外，最主要是制订好断奶方案。

（1）犊牛出生后1周内喂初乳，每天喂3次，每次2 kg。

（2）8～20日龄喂常乳，每天喂2次，每次2 kg，并训练吃代乳料和优质干草。

（3）21～60日龄喂常乳，每天喂2次，前35 d每天喂2 kg，后5 d每次喂1 kg。代乳料每天的喂量逐渐增加到1.2 kg，同时训练吃青贮料。

（4）1～180日龄，代乳料由每天1.2 kg逐渐增加到3.4 kg。随便采食干草和青贮饲料。

（5）代乳料配方：豆饼40%，麦麸10%～20%，玉米面25%～40%，高粱面10%～20%，添加剂1%，食盐1%，骨粉1%。

中国草原红牛饲养区多为草原，饲草料资源丰富，母牛多采用放牧饲养的方式，犊牛随母牛放牧饲养。因此，大部分地区没有对犊牛实施早期断奶，这也使得犊牛获得了充足的营养物质，体格更加健壮。

（五）供给充足饮水

出生1周后开始每天单独补水，或在水中加入适量牛奶，引诱其喝。必须将自来水煮沸，晾至37～38 ℃，喂奶结束后再单独供给，经过10～15 d再放饮清洁凉水。在温暖季节里，要在运动场上设置水槽，盛放清洁水供犊牛自由饮用。

犊牛哺乳期间一定要人工控制饮水。即：最初在牛奶中加入1/3～1/2的温水，单独给水在采食草料、哺乳后的 30～60 min 后进行。3 个月后，可到草原上自由采食饲草，自由饮水。

二、管理

犊牛每次哺乳完毕，要用干毛巾将犊牛口腔周围残留的乳汁擦净，以避免形成“舔癖”。

犊牛要单独圈养，保持牛体清洁，并经常刷拭，以促进其生长，同时进行调教，使其性情温驯。

要经常观察犊牛精神状态、食欲、粪便等情况，发现异常情况及时查找原因。

犊牛出生后，要进行体尺、体重测量，做好打号登记，以保证育种资料的完整。

饲喂用具用完后及时清洗，保持清洁。

第四节　育肥牛的营养需要、饲养及管理技术（架子牛、育肥期）

一、育肥牛营养需要

育肥牛饲养是以产肉为目的。因此，育肥牛的营养需要也是以增加产肉量、提高牛肉品质而制订的。不同体重和不同生产目标的营养需要量也是不同的。中国草原红牛育肥牛营养需要量参照美国 NRC 标准。

育肥牛对水分的需要量如下。环境温度在 10 ℃以下，采食每千克干物质需水量为 3.1～3.5 kg；环境温度在 10～15 ℃时，采食每千克干物质需水量为 3.6 kg；环境温度在 15～21 ℃时，采食每千克干物质需水量为 4.1 kg；环境温度在 21～27 ℃时，采食每千克干物质需水量为 4.7 kg；环境温度在 27 ℃以上时，采食每千克干物质需水量为 5.5 kg。

二、育肥牛饲养管理

育肥牛的饲养方式有很多种，根据饲养方式的不同可分为舍饲育肥和放牧育肥。根据肉牛育肥所采用的主要饲料类型可分为粗料型育肥和精料型育肥。根据肉牛育肥的强度可分为持续育肥和快速育肥。另外针对一些年龄大、体弱

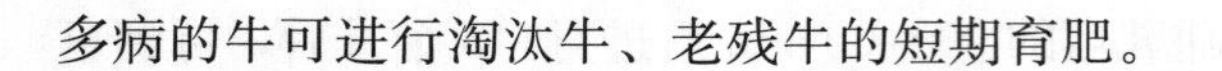

多病的牛可进行淘汰牛、老残牛的短期育肥。

（一）放牧育肥和舍饲育肥

1. 放牧育肥　中国草原红牛品种选育初期，育种区内拥有广阔的草地，充沛的饲料资源，能提供牛生长所需的大部分营养。因此，育肥牛多采用放牧育肥的方式。即以采食天然牧草为主，在枯草季节适当补饲精料。这种育肥方式的优点是成本低，劳动力消耗少，无须考虑粪便污染。缺点是营养难以控制，育肥时间长，商品率低。

（1）放牧育肥的一般技术　中国草原红牛放牧时，一般以30～50头为一群。同一群放牧牛，性别、年龄、体重、膘情等方面要基本一致。一致程度越高，生产效果越好。否则，就会影响育肥牛的增重。比如，在阉牛群中放入母牛则牛群不能安静。不同年龄的牛不仅对植被的爱好有别，而且采食能力、耐劳程度、游走速度也不相同，混群放牧易导致采食量出现较大差异，从而影响育肥效果。不同体重牛要求草场的面积不同，要根据体重合理配置。两种不同性别和年龄的牛进行组群放牧育肥试验，体重差异大的放牧群育肥增重效果只有体重近似组的2/3；3岁以上母牛的增重则比1～2岁阉牛高20%（表7-3）。牛群的趋同性高，不仅易于管理，而且上市的商品牛均一性也好。

表7-3　体重近似群与体重差异大牛群放牧育肥的增重效果比较

组别		平均始重（kg）	平均末重（kg）	全期增重（kg）	比较（%）
1～2岁公牛	体重近似群	165	293	128	100
	体重差异大群	158	243	85	66
3岁以上母牛	体重近似群	263	416	153	100
	体重差异大群	280	373	93	61

吉林省白城地区是中国草原红牛主要育种区，育肥期为5—9月。5月即可开始放牧（图7-2），每天放牧12～13 h；6—8月每天放牧15～16 h。进入9月放牧时间减少，每天12～13 h。放牧区内有天然水源，放牧牛自由饮水；无水源的放牧区需准备饮水，放牧牛每天饮水3～4次。同时注意补充盐分。放牧的育肥牛要定期驱虫、防疫。可用亚胺硫磷乳油外用，每千克体重30 mL，喷洒于牛背部皮肤，以防牛皮蝇的侵蚀而损伤皮肤。

图 7-2　通榆县放牧饲养的草原红牛

放牧期夜间补饲适量混合精料。如果有条件，每天补给精料量为育肥牛活重的 1%，补饲后要保证饮水。

为了提高放牧育肥牛的商品率，冬季则要限量饲喂，使架子牛的日增重不超过 400 g，以便于肉牛夏季放牧能达到最大生长量。春季牧草含水量高，不要过早放牧；放牧季节结束后及时、充分补充饲料，促进生长。

（2）放牧育肥的注意事项

第一，犊牛断奶后，即可随母牛一起放牧。放牧时每头犊牛每天补 0.25 kg 精料，同时喂给土霉素 25 g。6 月龄断奶后至 12 月龄，白天放牧，夜晚则补饲 0.5 kg 精料，加尿素、食盐各 25 g。

第二，水源距牧场不能太远，同时水的质量要清新。在有条件的情况下，设置饮水槽是防止水源污染的好办法。牛饮水时，要注意管理，防止拥挤和角斗。

第三，实行分区轮牧制度。轮牧小区的大小，主要根据草场产草量和牛群大小确定。一般优良的草场，每公顷可养牛 18～20 头；中等草场，每公顷可养牛 15 头；而较差的草场则只能养 3 头牛。每个小区轮牧的次数，因草场类型、气候和水源条件的不同而可能差异很大，水源较好的草甸草场可轮牧 4～5 次，一般草场可轮牧 2～4 次，而差的草场只可轮牧 2 次。因此，所有草场到底可养多少牛，应根据自己的草场质量进行仔细估算。畜、草量适当相配，不仅能提高养牛的效益，而且可使草地生产力稳定。而超载过牧，则会造成草地退化，生产力下降，导致生态环境恶化。

2. 舍饲育肥　舍饲育肥和放牧育肥是肉牛育肥的两种主要方式，舍饲育肥过程中育肥牛的饲料由人工喂给，精、粗、青饲料搭配，营养全面，便于控制，可掌握牛各方面的情况和及时发现问题。牛生长快，育肥时间短，出栏率高，整齐度好，但是劳动强度大，成本较高。

根据育肥牛的月龄，性别可采取散栏舍饲和拴系舍饲两种饲养方式。幼龄期的育肥牛，适合散放圈养。将性别相同、体重和月龄相近的牛编为一组，放在一个圈内群养。全价日粮，自由采食，自由运动。一般每圈10～15头为宜，分组后相对稳定。这种方式其优点是节省劳动力，提高牛舍利用率（每头占槽0.8 m^2），有利于发挥每头牛的增重潜力，但牛采食有竞争性，有可能出现发育不整齐的现象。架子牛和月龄较大的育肥牛应采用拴系饲养方式。按其大小、强弱编好次序，定好槽位。这种方式的优点是便于控制牛的采食量和增重，采食均匀，可以个别照顾，减少互相争斗、爬跨现象，易于检查病患。但用工较多，牛舍利用率低（每头牛占槽1.0～1.1 m^2）。

现阶段中国草原红牛多采用散栏饲养育肥，也有少数应用舍饲拴系育肥的方式。两种育肥方式都可分为适应期、育肥期和出栏期三个阶段。

（1）适应期　新购入架子牛或者犊牛转入架子牛育肥后，由于饲养条件和环境发生了变化，因此，须经过10～20 d的适应期，使牛只习惯于新的环境，正常采食和增重。在适应期内应做好以下工作。

第一，牛只经长距离、长时间的运输，应激反应大，胃肠食物少，体内严重失水。此时对牛只补水是第一位工作。第一次饮水，应限制饮水量，切忌暴饮，可加入少量人工盐（50 g/头）；第二次饮水，应在第一次饮水后3～4 h，此时可自由饮水，水中掺些麸皮效果更好。

第二，当牛只饮足水后，可饲喂优质干草或秸秆，第一次饲喂应限量，每头牛4～5 kg，2～3 d后逐渐增加给量，5～6 d后让其充分采食。

第三，育肥牛饲喂2～3 d的粗饲料后，可以开始饲喂混合精料，精料量一般占活重的0.25%～0.5%，以后逐渐增加到计划量。

第四，在适应期间，为了使育肥牛尽快适应新的环境条件、场地和人员，饲养人员应主动地去接近牛，除每天喂饲、饮水外，还应给每头牛进行刷拭。同时观察每头牛的精神状态、食欲、粪便等情况，避免牛只格斗，发现异常现象及时处理。

（2）育肥期　每日早晚定时饲喂1次，每次采食时间为1.0～1.5 h，月龄小的牛只采食较慢，可适当延长时间。饮水应在喂饲后1 h进行，舍内自由饮水，有条件的育肥场冬季最好给育肥牛饮用温水。

育肥牛日粮应相对稳定，不可朝定夕改，如调换日粮时，要逐步进行。精料应提前几小时用水调湿，焖软，然后与粗饲料混拌均匀，分批、分次喂给。也可将精料拌一部分粗饲料先喂，吃完后再将余下的粗饲料添入槽中。

在日粮中添加尿素，要有一个适应过程，先给定量的1/5～1/4，以后每天逐渐加量，经过1周左右时达到计划给量。日喂量要分次喂给，而且在喂尿素的整个期间，中间不能间断，喂时将尿素拌入料中，不可将尿素溶于水中饮用，以防中毒。喂后应在1.5h再饮水。

在肉牛育肥期内，采用高精料日粮，往往会导致育肥牛发生腹泻等现象，称为酸中毒。如果出现上述症状，则可按照每头牛日喂瘤胃素50～360 mg；或按混合精料的1%～2%添加碳酸氢钠；或减少谷物饲料的进食量，增加粗饲料的给量。

饲料、饲草中尽量避免含砂石、金属等异物，发现异物及时取出，发现饲料发霉腐败，不得使用；饮水要卫生；牛槽要及时打扫，防止草料残渣在槽内发酵或霉变；每天刷拭，保持牛体清洁卫生；经常刮粪，保持育肥舍内牛床的清洁，干燥。经常观察牛只精神状态、食欲、粪便，发现异常及时处置。

（3）出栏期　育肥牛的绝对日采食量随着肥育期的增加而下降。如果发现育肥牛在正常情况下采食量有所下降，则可以考虑进入了出栏期。一般来讲，育肥牛的膘情达中上等及以上标准者，即需及时出栏。目测和触摸肉牛膘情标准如下：

上等膘：肋骨、脊骨和腰椎横突起均不明显，腰角和臀部顶端很丰满，呈圆形，全身肌肉很发达，肋部丰圆，腿肉充实，并明显向外突出和向下部伸延。

中上等膘：肋骨、腰椎横突起不明显，腰角、臀端部圆而不很丰满，全身肌肉较发达，腿部肉充实，但突出程度不明显，肋部较丰满。

（二）持续育肥和快速育肥

根据肉牛的育肥强度可分为持续育肥和快速育肥。

1. 持续育肥　胡成华等提出为了提高育肥牛的产肉量和牛肉品质，将断奶小公牛立即转入育肥舍进行育肥直至出栏的一种育肥方式（图 7－3）。它既可采用放牧加补饲的方法，也可采用舍饲拴系饲养的方法。从经济的角度看，采用放牧加补饲的办法，可减少精料的消耗，育肥成本低，能获得较高的增重。如果没有放牧条件，完全采用精料育肥，从饲料转化率来讲，不够经济，代价较大。

图 7－3　草原红牛持续育肥

下面介绍几种持续育肥方式下的育肥牛育肥日粮配方实例。

（1）9～10 月龄、体重 250 kg 左右育成牛日粮配方　要求日增重 1 000 g。青、粗饲料为小麦秸、带穗青贮玉米，自由采食。育肥期 8～9 个月。育肥牛各阶段的精饲料配方见表 7－4。

表 7－4　育肥牛各阶段的精饲料配方

单位：%

育肥阶段及时间		豆饼	棉籽饼	玉米	小麦麸	骨粉	贝壳粉	食盐	微量元素
Ⅰ	4.5 个月	18	20	49.9	10	1	—	1	0.1
Ⅱ	1.5 个月	8	15	67	8	1	—	1	—
Ⅲ	2 个月	16.6	6.4	67	8	—	1	1	—
Ⅳ	1 个月	22	—	68	8	—	1	1	—

（2）10～14 月龄、体重 300～400 kg 育成牛日粮配方　计划日增重 900～1 000 g，育肥期 9 个月。粗饲料为玉米秸，育肥牛的日粮供应量见表 7－5。

（3）体重 300 kg 以下育成牛日粮配方　预计日增重 900 g，每头育肥牛，每天干物质采食量 7.2 kg。育成牛日粮配方见表 7－6。

表 7-5 育肥牛各阶段的精饲料配方

单位：kg

育肥阶段及时间	肉牛专用浓缩料*	玉米	酒糟	玉米秸
适应期（30 d）	0.5	1.5	8	10
育肥Ⅰ期（60 d）	1	3	15	7
育肥Ⅱ期（90 d）	1	4	15	5
育肥Ⅲ期（90 d）	1	5	15	4

*浓缩料配方含棉籽饼 80%，石粉 8%，食盐 5%，添加剂 7%。

表 7-6 体重 300 kg 以下育成牛日粮配方

单位：%

配方	玉米	棉籽饼	胡麻饼	鸡粪	玉米青贮（带穗）	玉米黄贮	小麦秸	玉米秸	食盐	石粉	干草粉	白酒糟
Ⅰ	17.1	19.7	—	8.2	17.1	—	36.6	—	0.3	1.0	—	—
Ⅱ	15.0	22.9	—	8.0	17.9	—	35	—	0.2	1.0	—	—
Ⅲ	10.0	12.0	—	—	44.6	—	—	3.0	0.4	—	—	30.0
Ⅳ	15.0	—	13.5	—	—	35.0	—	—	0.4	—	5.0	31.1
Ⅴ	19.0	—	13.0	—	—	17.6	—	—	0.4	—	5.0	45

（4）体重 300～400 kg 育成牛日粮配方　每头育肥牛，每天采食干物质 8.5 kg，日增重可达 1 100 g。育成牛日粮配方见表 7-7。

表 7-7 体重 300～400 kg 育成牛日粮配方

单位：%

配方	玉米	棉籽饼	胡麻饼	鸡粪	玉米青贮（带穗）	玉米秸	食盐	石粉	干草粉	白酒糟
Ⅰ	10.4	32.2	—	4.1	13.4	9.1	0.3	0.5	—	30.0
Ⅱ	25.0	13.0	—	—	37.0	3.0	0.4	0.5	—	21.1
Ⅲ	8.6	—	7.0	—	36.0	—	0.4	—	—	48.0
Ⅳ	11.0	—	8.6	—	25.0	5.0	0.4	—	—	50.0
Ⅴ	19.0	—	13.0	—	17.6	—	0.4	—	5.0	45.0
Ⅵ	37.6	—	10.0	—	19.0	—	0.4	—	5.0	28.0

（5）体重 400～500 kg 育成牛日粮配方　计划日增重 1 000 g，每头育肥牛，每天干物质采食量 9.8 kg。育成牛日粮配方见表 7-8。

表 7-8　育肥体重 400～500 kg 育成牛日粮配方

单位：%

配方	玉米	玉米青贮（带穗）	食盐	白酒糟	棉籽饼	玉米秸	石粉	胡麻饼	干草粉
Ⅰ	16.7	37.4	0.7	10.0	24.7	9.5	1		
Ⅱ	21.1	34.5	0.6	4.0	29.2	9.1	1.5		
Ⅲ	25.0	37.0	0.4	21.1	13.0	3.0	0.5		
Ⅳ	25.8	37.0	0.4	20.3	13.0	3.0	0.5		
Ⅴ	38.6	22.0	0.4	26.0				9.0	4.0
Ⅵ	18.6	22.0	0.4	47.0		5.0		7.0	
Ⅶ	16.0	32.0	0.4	45.0				6.6	

2. 快速育肥　也称为后期集中育肥。就是将具有一定体况（骨架）、身体不丰满、年龄在 1～3 岁、不够屠宰体重的架子牛，集中舍饲 3～4 个月，采取强制性育肥，使其丰满增膘，以达到上市体重。这种方法既能改善牛肉品质，提高牛肉商品率，减少精料消耗，降低成本，又可增加资金周转次数，提高牛舍的利用率，提高经济效益。这是我国育肥牛场采用最多的方式。

（1）饲养管理　快速育肥法多采用舍内拴系式饲养。在育肥初期，以饲喂粗饲料如优质干草、青贮玉米、氨化秸秆、微贮秸秆等为主。要限制精料的喂量，以免由于精料过多造成牛体脂肪沉积过多，影响增重。随后提高日粮蛋白水平，能量水平保持不变或略微提高，利用牛补偿生长使育肥牛快速增重。最后，相对降低饲料中蛋白水平，提升能量水平，促进脂肪沉积，改善肉质。

育肥期间，每头育肥牛每天供给的精饲料量都在 3 kg 上，一般 3～7 kg（干物质），具体情况应根据育肥牛的体重酌情调整。无论是粗饲料种类还是配合精料的饲料，都应尽量多样化。

（2）日粮配方实例　采用快速育肥法，对育肥前期的饲料配合无严格要求，一般情况下，饲喂优质干草、青贮玉米秸秆、氨化秸秆、微贮秸秆等粗料，只需补加少量精料就可达到要求增重指标。

对育肥中后期的日粮则需按饲养标准配合，且一般应按日增重 1 000～1 200 g 的饲养标准，以使牛尽快育肥。以下提供 3 个精饲料配方实例，见表 7-9。

表 7-9　快速育肥牛日增重 1 000～1 200 g 饲料配方

单位：%

配方	玉米	麸皮	大麦	苜蓿粉	豆饼	食盐	骨粉	棉籽饼	矿物质	维生素
Ⅰ	70.0	10.0	8.0	5.0	5.0				1.0	1.0
Ⅱ	74.0	10.0			14.0	1.0	1.0			
Ⅲ	53.0	28.5				1.0	1.5	16.0		

第八章
养殖场环境控制与疫病防控

第一节　营造牛只良好的生活环境

一、干燥、清洁、通风、安静的环境

（一）温度

牛通过自身的体温调节保持最适的体温范围以适应外界的环境。体温调节就是牛借助产热和散热过程进行的热平衡。在一定的温度范围内，牛的代谢作用与体热产生处于最低限度时，这个温度范围称为等热区。在等热区内，牛最为舒适健康，生产性能最高，饲养成本最低。不同生理阶段的肉牛对环境温度的要求有较大差异。犊牛适宜的温度范围为13～25℃。

（二）湿度

湿度升高将加剧高温或低温对牛生产性能的不良影响。空气湿度对牛机能的影响，主要通过水分蒸发影响牛体热的散发。一般是湿度越大，体温调节范围越小。高温高湿的环境会影响牛体表水分的蒸发，从而使体热不易散发，导致体温迅速升高，低温高湿的环境又会使机体散发热量过多，引起体温下降。犊牛的最适湿度范围为50%～90%。

（三）气流

气流对牛的主要作用是使皮肤热量散发。环境温度在10℃、相对湿度为65%、风速为0.2～4.5 m/s时对草原红牛的生产性能没有显著的影响；而高

温或低温情况下，风速对生产性能的影响十分明显。因此，牛舍冬季气流速度不应超过 0.2 m/s。

（四）空气质量

牛场的空气质量对牛体健康非常重要，也可能影响人的健康。牛舍中有害气体主要来自密集饲养的呼吸、嗳气、排泄和生产中的有机物分解。有害气体主要为 NH_3、CO_2、H_2S 等。每天应保证适时通风。

（五）光照

光照对调节肉牛生理功能有重要的作用，缺乏光照会引起牛生殖功能障碍，出现不发情。夏季避免直射光，以防增加舍温，冬季保持牛床干燥，应使直射光射到牛床。

（六）噪声

据报道，噪声超过 110～115 dB 时，牛的生产性能开始出现下降，甚至会引起早产、流产。因此，牛舍噪声不应超过 100 dB。

二、消毒常态化

消毒是消灭病原、切断传播途径、控制疫病传播的重要手段，是防治和消灭疫病的有效措施。因为传染病的流行过程是由传染源、传播途径和易感畜群三个基本环节构成，缺少其中任何一个环节，新的传染就不可能发生。

（一）设立消毒池和消毒间

场门、生产区和牛舍入口处都应设立消毒池，内放 1%～10%漂白粉液，或 3%～5%来苏儿、3%～5%烧碱液，并经常更换，保持应有的浓度，有条件的牛场，还应设立消毒间（室），进行紫外线消毒。

（二）牛舍及运动场消毒

牛舍、牛床、运动场应定期消毒（每月 1～2 次），消毒药一般用 10%～20%石灰乳、1%～10%漂白粉、0.5%～1%菌毒敌，或用百毒杀、84 消毒液均可。如遇烈性传染病，最好用 2%～5%热烧碱溶液消毒。牛粪要堆积发酵，也可喷洒渗入消毒液。用2%～3%敌百虫溶液杀灭蚊、蝇等吸血昆虫。

（三）用具消毒

用具应坚持每天用完之后消毒一次，一般用1%～10%的漂白粉、84消毒液等。其消毒程序是：清洗干净→消毒→清水冲洗→晾干。

（四）人员消毒

工作人员进入牛舍时，应穿戴工作服、鞋、帽，饲养员不得串舍；谢绝无关人员进入牛舍，必须进入者需要穿工作服、鞋。一切人员和车辆进入时，必须从消毒池通过或踩踏消毒。有条件的可用紫外线消毒5～10 min，方可入内。

此外，还应禁止猫、犬、鸡等动物窜入牛舍，不准将生肉等带入生产区和牛舍或煮食肉类食物，不能在生产区内宰杀病牛或者其他动物，并定期灭鼠。

三、消毒方法

中国草原红牛牛场消毒同其他肉牛场消毒方法一样，概括为物理消毒法和化学消毒法。

（一）物理消毒法

通过机械性清扫、冲洗、通风换气、照射、高温、干燥等物理方法，对环境和物品中病原体进行清除或杀灭。

1. 机械性清扫、洗刷　通过机械性清扫、冲洗等手段清除病原体是最常用的消毒方法，也是日常的卫生工作之一。

2. 日光、紫外线和其他射线的辐射　日光曝晒是一种最经济、有效的消毒方法，通过光谱中的紫外线以及热量和干燥等因素的作用能够直接杀灭多种病原微生物。

3. 高温灭菌　是通过热力学作用导致病原微生物中的蛋白质和核酸变性，最终引起病原体失去生物活性的过程，通常分为干热灭菌法和湿热灭菌法。

4. 火焰烧灼　畜禽场消毒常用火焰烧灼灭菌法。火焰烧灼灭菌法的灭菌效果明显，使用操作也比较简单。当病原体抵抗力较强时，可通过火焰消毒的方法对粪便、场地、墙壁、笼具、其他废弃物等进行烧灼灭菌，将病死的畜禽尸体及污染的饲料、垃圾等进行焚烧处理。

（二）化学消毒法

在疫病防制过程中，常利用各种化学消毒剂对病原微生物污染的场所、物品等进行清洗、浸泡、喷洒、熏蒸，以达到杀灭病原体的目的。消毒药的作用机制即杀菌方式，最基本的有以下三种。

第一，破坏菌体壁，就是破坏菌体的细胞或细胞膜的外壁，导致细菌死亡。第二，使菌体蛋白质变性，用消毒药使菌体蛋白质变性，因灭活而失去活力。第三，包围菌体表面阻碍其呼吸，使细菌不能进行气体交换或代谢活动而死亡。

1. 消毒剂的选择　临床上消毒剂的种类有很多，根据化学特性分为酚类、醛类、醇类、酸类、碱类、氯制剂、氧化剂、碘制剂、重金属盐和表面活性剂等，进行有效与经济的消毒必须认真根据情况选择合适的消毒剂。优质消毒剂应具备以下特点：①药效迅速，短时间内可以达到预定的消毒目的。②可杀灭细菌、病毒、霉菌、藻类等有害微生物。③使用要方便，可用各种方法进行消毒。④渗透力强，能渗透入裂隙及粪便、尘土、垫料等各种有机体内杀灭病原体。⑤易溶于水，不受水质硬度和环境中酸碱度的变化影响药效。⑥性质稳定，不受光、热影响，长期存贮效力不减。⑦要对人畜安全，经济高效，在低浓度也能保证药效。

2. 保证消毒效果的措施　保证消毒效果最主要的是用有效浓度的消毒药直接与病原体接触，一般的消毒药会因有机物的存在而影响药效，因此在消毒之前必须将有机物去掉，为此，需采取下列措施。

第一，清除污物等，环境中存在大量的粪便、脓汁、血液及其他分泌物、排泄物时，病原体会受到有机物机械性的保护，大量的消毒药与有机物结合，环境中的病原菌不能被彻底的杀灭。所以，先及时清除环境中的杂物，对地面、笼具等进行彻底冲刷、清洗，完毕后再进行化学消毒。

第二，消毒药的浓度要适当，在一定范围内，消毒药的浓度越大，消毒效果越明显。但并不是所有的消毒产品都适用，在操作过程中不能盲目地将所有消毒药都加大用量，如70％～75％的酒精的杀毒效果好。

第三，根据微生物的种类选择合适的消毒剂，微生物的形状和代谢方式不同，对消毒剂的敏感程度也不同。如革兰氏阳性菌易与带阳离子的碱性染料、重金属盐类及去污剂结合而被灭活；细菌的芽孢不易渗入消毒剂，各种消毒剂的化学结构和对微生物的作用机制不同，对病原菌的杀灭程度也不同。

第四，作用温度和时间要适当，温度升高可以增强消毒的杀菌能力，而缩短消毒所用的时间。如当环境温度提高 10 ℃，酚类消毒剂的消毒速度增加 8 倍以上，重金属盐类增加 2～5 倍。在其他条件都相同时，消毒剂与被消毒对象的作用时间越长，消毒的效果越好。

第五，控制环境湿度，熏蒸消毒时，湿度对消毒效果的影响最大，如过氧乙酸及甲醛熏蒸消毒时，环境的相对湿度为 60％～80％最好，湿度过低时能大大降低消毒效果，而大多数情况下，湿度过大会降低消毒药的浓度，一般在冲洗干燥后喷洒消毒药。

第六，消毒液酸碱度要合适，碘制剂、酸类、来苏儿等阴离子消毒剂在酸性环境污染的杀菌作用增强；而阳离子消毒剂加新洁尔灭等则在碱性环境中的杀菌力增强。

第二节　免　疫

免疫是肉牛养殖中的重要环节，做好肉牛免疫工作能够保障肉牛健康生长，提高养殖效益，规避养殖风险。

一、疫苗的种类

目前，肉牛所用疫苗种类繁多。这里仅对常见疾病所用的疫苗进行归纳。

口蹄疫：口蹄疫二价灭活疫苗，包括 O 型和 A 型。

炭疽病：Ⅱ号炭疽芽孢疫苗。

牛巴氏杆菌病：牛多杀性巴氏杆菌灭活疫苗。

牛副伤寒病：牛副伤寒灭活菌疫苗。

牛气肿疽病：牛气肿疽灭活菌疫苗。

牛病毒性腹泻：牛病毒性腹泻/黏膜病灭活疫苗。

牛传染性鼻气管炎：牛传染性鼻气管炎灭活疫苗。

二、一般免疫程序

中国草原红牛常年在草原地区放牧饲养，其免疫程序与其他品种牛相似，表 8－1 为中国草原红牛主要传染病的常用免疫程序。

表 8-1　中国草原红牛主要传染病常用免疫程序

免疫时间	疫苗种类	使用方法	预防疾病	免疫期
1周龄以上	无毒炭疽芽孢疫苗，Ⅱ号炭疽芽孢疫苗，炭疽芽孢氢氧化铝佐剂疫苗等任选一种	皮下注射，每年3—4月免疫1次	牛炭疽	1年
1～2月龄	牛气肿疽灭活疫苗	皮下或肌内注射	牛气肿疽	1年
3月龄	牛口蹄疫疫苗（O型，部分地区使用A型）	皮下或肌内注射	牛口蹄疫	6个月
4月龄	牛口蹄疫疫苗（O型，部分地区使用A型）	加强免疫，皮下或肌内注射。以后每4～6个月免疫1次或每年3—4月和9—10月各免疫1次，疫区可于冬季加强1次免疫	牛口蹄疫	6个月
4.5～5月龄	牛巴氏杆菌灭活疫苗	皮下或肌内注射	牛出血性败血症	9个月
6月龄	牛气肿疽灭活疫苗	皮下或肌内注射	牛气肿疽	1年
母牛配种前，犊牛4～5月龄	牛病毒性腹泻	皮下或肌内注射	牛病毒性腹泻	1年
4～5月龄	牛鼻气管炎	皮下或肌内注射	牛鼻气管炎	6个月

三、育肥牛免疫

由于育肥肉牛饲养时间短，一般情况下不主张用疫苗接种，但特殊情况下如周围有疫情发生时，应采取紧急接种。口蹄疫用灭活疫苗或弱毒疫苗免疫接种；牛炭疽用无毒炭疽芽孢疫苗免疫。

四、驱虫

针对虫卵检查的结果，于牛进场15 d后进行驱虫，对肝片吸虫、前后盘吸虫等可选择强力灭蛭注射液肌内注射每毫克体重0.05 mL。对胃肠道多种线虫、肺线虫、体表的疥癣、皮蝇等，可选择畜虫净注射液，每千克体重皮下注射0.02 mL。对东毕吸虫，可选择吡喹酮注射液，肌内注射每千克体重0.05 mL。

驱虫后的3 d内，及时清理排除的粪尿，清理后进行堆肥发酵以彻底消灭虫体、虫卵和幼虫，防止散播污染环境。于驱虫后第5天可将牛转入健康舍饲养。

第三节　主要传染病的防控

一、传染与传染病

(一) 传染

传染是病原微生物（病原体）侵入动物机体，在一定部位生长、繁殖，而引起机体产生一系列病理反应的过程称为传染过程，简称传染或感染。

传染分为隐性感染和显性感染、病毒的持续性感染和慢病毒感染、外源性感染和内源性感染、局部感染和全身感染，单纯感染、混合感染和继发感染以及典型感染和非典型感染等类型。

(二) 传染病

是由特定的病原微生物引起，具有一定的潜伏期和临床表现，并具有传染性的疾病称为传染病。动物机体对某种病原微生物缺乏抵抗力或免疫力时，则称为动物对该病原微生物具有易感性，具有易感性的动物常被称之为易感动物。

(三) 传染病的特征

1. 由病原体引起　有无病原体是确定传染病与非传染病的最根本依据。

2. 具有传染性　意味着病原体能排出体外，并侵入另一个有易感性的健康畜体内引起同样症状的疾病。传染性的大小取决于病原微生物的致病力和动物机体的抵抗力，通常由发病率的高低来体现出来。

3. 具有流行性　在一定地区和一定时间内，传染病能在易感动物群中从个体发病扩展到整个群体感染发病的特性。

4. 被感染的机体发生特异性反应　由于病原微生物的抗原刺激作用，机体发生免疫生物学的改变，产生特异性保护性反应和变态反应等。无论是显性感染或隐性感染，感染动物都可产生针对病原体及其产物的特异性保护性免疫。根据感染后免疫力持久性和强度不同，以及机体抵抗力的变动，临床上可出现以下现象：

(1) 再感染　同一传染病在痊愈后，经过长短不等的间隙再度感染。见于口蹄疫、巴氏杆菌病等。

(2) 重复感染　一种传染病尚在进行中，同一种病原体再度侵入而又感染或另一种病原体乘虚而入造成的感染。前者称之为原发性感染，后来者称之为继发性感染。

(3) 复发　初发传染病已经转入恢复期或痊愈初期时，该病症状再度出现，其病原体在体内再度活跃，这种现象称为复发。

(4) 终生免疫　耐过动物可获得终生免疫，如布鲁氏菌病。

二、传染病的发生和发展条件

传染病的发生和发展，必须具备三个条件：其一，要有一定数量和足够毒力的病原微生物；其二，要有对该病原微生物有感受性的动物（即易感动物）；其三，要有可促使病原微生物侵入动物机体内的外界条件（即传播途径）。这三个条件是传染病发生的必备条件，如果缺少任何一个条件，传染病就不可能发生与流行。

（一）病原微生物

病原微生物是传染病发生的必要因素，没有病原微生物，传染病就不可能发生。病原微生物具有引起传染的潜在能力，即其致病力。同一种病原微生物的不同菌株，其致病力并不一样。病原微生物的致病力程度或大小，谓之毒力。毒力就是指病原微生物在动物机体内生长繁殖、抵抗并抑制机体防卫作用的能力。在自然和人工条件下，毒力可以发生改变。病原微生物侵犯机体时，不仅需要一定的毒力，也需要足够的数量。有时毒力虽强，但数量少，也不能引起传染病。

（二）动物机体状态

对传染病的发生和发展起着决定性作用。如果机体抵抗力强，病原微生物就难以发挥它的致病作用；相反，机体抵抗力弱，就成为传染病发生的有利因素。机体抵抗力的强弱，与动物年龄、品种、营养、生理机能和免疫状况有密切关系。

（三）外界环境条件

对易感动物机体和病原微生物都有影响，它直接影响传染病的发生和发展。在良好的外界条件下，可增强机体的防御机能，降低病原微生物的致病作用，减少易感机体与病原微生物的接触机会，有利于控制和消灭传染病。而在不良的外界条件下，则能降低机体抵抗力，有利于病原微生物的生存，促进易感机体与病原微生物接触，助长传染病的发生和发展。外界条件是可以人为改造的，可使不利的外界条件变为有利条件，以便有效地控制传染病的发生与发展。

三、传染病的发展阶段

传染病的发展过程，一般可分为潜伏期、前驱期、明显（发病）期和转归期四个阶段。

（一）潜伏期

从病原微生物侵入动物机体到出现疾病的最初症状为止，这个阶段称为潜伏期。传染病的潜伏期各不相同，即使同一种传染病，潜伏期的长短也有一定的变动范围。潜伏期长短受以下因素影响。

1. 侵入机体的病原微生物的数量与毒力　病原微生物侵入机体数量越多，毒力越强，则潜伏期越短，反之则越长。

2. 动物机体的生理状况　动物机体抵抗力越强，则潜伏期越长，反之则越短。

3. 病原微生物侵入的途径和部位　如狂犬病毒侵入机体的部位，越靠近中枢神经系统，则潜伏期越短。此外，家畜进入牧场的预防检疫期限和发生某种传染病后的隔离、封锁期限，都决定于该传染病潜伏期的长短。

（二）前驱期

这个时期为疾病的前兆阶段。病畜表现体温升高、精神沉郁、食欲减退、呼吸增数、脉搏加快、生产性能降低等一般临床症状，而尚未出现疾病的特征性症状。

（三）明显期

这个时期为疾病充分发展阶段。病畜明显地表现出某种传染病的典型临床症状，如体温曲线以及某些有诊断意义的特征性症状。如黏膜病的双相热。

（四）转归期

这个时期为疾病发展的最后阶段。如果疾病经过良好，病畜可恢复健康。恢复期的特点是疾病现象逐渐消失，机体内破坏性变化减弱和停止，生理机能渐趋正常化，且多伴有一定的免疫生物学反应性。在转归不良情况下，病畜以死亡告终。应当注意的是，临床上痊愈的动物，仍可能是带菌（毒）或排菌（毒）者，这是最危险的传染来源。

四、传染病的流行过程

传染病在畜群体中发生、传播和终止的过程，就是传染病的流行过程。传染病在畜群体中的传播必须具备传染源、传播途径和易感畜群这三个基本环节。三者联结起来，就构成家畜传染病的流行链锁，只有当这个链锁完整时，传染病的流行才有发生的可能。构成这个链锁的三个条件之中，缺少任何一个，传染病的流行均不可能发生。

（一）传染病流行过程的基本环节

1. 传染源　是指体内有病原体生存、繁殖并能排出病原体的动物和人。包括病畜和带菌（毒）者。

（1）病畜　多数患传染病的病畜，在发病期排出的病原微生物数量多、毒力强、传染性大，是主要的传染来源。如口蹄疫，可随分泌物、排泄物不断排出口蹄疫病毒。

（2）带菌（毒）者　是指临床上没有任何症状，病原微生物能在体内生长繁殖，并向体外排出的动物。一般有以下三种类型。

①潜伏期带菌（毒）者：如口蹄疫病畜在潜伏期即可排毒。

②病愈后带菌（毒）者：有些传染病在病畜临床症状消失后，体内仍残存病原微生物并不断排出。如慢性或隐性牛结核病牛。

③健康动物带菌（毒）者：是指在健康动物的上呼吸道、消化道和泌尿生殖道等器官常有一些条件性病原微生物存在，但并不引起动物发病。如巴氏杆菌病，经常可见到这种带菌现象，但当动物机体在不良条件因素的影响下抵抗力降低时，条件性病原微生物便大量繁殖，毒力增强，成为内源性传染而引起发病，并可排出病原菌，感染其他动物。

病原体一般随分泌物、排泄物（如粪便、尿液、阴道分泌物，唾液、精液、乳汁、眼分泌物、脓汁等）排出体外。病原体排出的途径和传染病的性质及病原体存在的部位有密切关系。某些败血性传染病，病原体排出的途径较多，如巴氏杆菌病的病原体，可随所有分泌物、排泄物排出。当病原体局限于一定组织器官时，病原体排出的途径一般比较单纯，如动物患肠结核病时，病原体只从粪便排出，乳房结核病从乳汁排出，子宫结核病则常从阴道分泌物排出。

2. 传播途径　病原微生物从传染来源排出后，经一定的方式侵入其他易感动物所行经的途径，称为传播途径。传播途径可分为水平传播和垂直传播。

（1）水平传播　是指传染病在群体与群体之间或个体与个体之间平行传播，包括下列几种方式。

①直接接触传播：是指在无任何外界因素参加的情况下，病畜与健畜直接接触而引起的传播。如狂犬病就是健畜被病犬咬伤而传染的。

②间接接触传播：是指病原体通过传播媒介使易感动物发生传染的方式，称为间接接触传播。从传染源将病原体传播给易感动物的各种外界环境因素称为间接传播媒介。一般有以下几种传播方式。

经污染的饲料、饮水传播：以消化道为侵入门户的传染病，由于采食了被污染的饲料、饮水而传染。如猪瘟、鸡新城疫等。

经污染的土壤传播：病畜的排泄物或尸体内的病原微生物，能在土壤中长期生存，并经土壤传给其他家畜而引起的传染病。如炭疽、气肿疽、破伤风等。

经空气传播：主要通过飞沫和尘埃传播。主要见于以呼吸道为主要侵入门户的传染病，如牛肺疫、口蹄疫、结核病等。

经污染的用具传播：被病原体污染的用具未经消毒而用于健畜时，常可引起传染。如对附红细胞体病牛使用过的针头，未经消毒，再用于其他健康牛时，则可引起健康牛感染。

经节肢动物、野生动物和人传播：节肢动物可以在体表或体内机械携带病原体而传播某些传染病，此种传播方式称为机械性传播。如虻可以传播炭疽、气肿疽，家蝇常为口蹄疫、沙门氏菌病等的传播者；有些病原体在虫媒体内能生长繁殖，甚至可以经卵传给其后代，这种虫媒传播称为生物性传播，如库蠓传播蓝舌病毒；野生动物中，有些对某种病原体无感受性，但可机械性传播病原体，如鼠类经常活动于畜舍及饲料仓库内，不仅破坏建筑物和用具，而且污染饲料和饮水，可传播口蹄疫、狂犬病、钩端螺旋体病等；再如肉食兽犬、豺狼、狐狸等，能促进口蹄疫、布鲁氏菌病、炭疽等病的传播；饲养人员、畜牧兽医工作人员等在实际工作中，没有严格遵守和执行兽医卫生制度，可能成为传染病的传播者。

（2）垂直传播　是从母体到其后代两代之间的传播。包括以下两种方式：

①经胎盘传播：受感染的孕畜经胎盘血液循环使胎儿受到感染。可经胎盘传播的疾病有牛黏膜病、蓝舌病、伪狂犬病、弯杆菌性流产、钩端螺旋体病等。

②经产道传播：一是病原体经孕畜阴道通过子宫颈口到达绒毛膜或胎盘引起胎儿感染，即上行传播；二是胎儿在产出过程中经过严重污染的产道时，可经皮肤、呼吸道、消化道而感染。

3. 易感畜群　是指对某种传染病缺乏免疫而容易受感染的畜群。家畜易感性的高低虽然与病原体的种类和毒力强弱有关，但主要还是由畜体的遗传特征、特异性免疫状态等因素决定的。外界环境条件如气候、饲料、饲养管理水平、卫生条件等因素都可能直接影响畜群的易感性和病原体的传播。该地区畜群中易感个体所占的百分率直接影响传染病是否能造成流行疫病的严重程度。

（二）传染病流行过程的表现形式

在传染病的流行过程中，根据一定时间内发病率的高低和传染范围的大小可分为下列五种形式。

1. 散发性　发病数目不多，在一个较长时间内只有个别零星地区散在发生。如破伤风呈散发性，这是因为要经过创伤感染才能发病。

2. 地方流行性　发病数目较多，但传播范围不广，常局限于一定的地区，称为地方流行性。也可以说该病的发生有一定的地区性。例如，炭疽病经常出现于炭疽病尸掩埋的地方或被炭疽芽孢污染的场所。

3. 流行性　当一个地区某病的发病率显著超过该病常年的发病率水平或为散发发病率的数倍时，称之为流行。它是一个相对数值概念，因此，同一种传染病在不同的地区称之为流行时，各地各畜群所见的病例数是不一致的。

4. 大流行性　当某一种传染病在一定时间内迅速传播，波及全国各地，甚至超出国界、洲境时，称大流行。例如，口蹄疫曾出现过这种流行形式。

5. 暴发性　是指在某一个局部地区或一定畜群范围中，在短时间内突然出现很多同类疾病的病畜。这些病畜大多有同一传染源或同一传播途径，如饲料中毒、流行性感冒、牛流行热等。

（三）影响传染病流行过程的因素

1. 自然因素　自然因素对传染媒介的作用最为明显。如气候温暖的夏秋季节，虻、蚊等吸血昆虫多，容易发生由吸血昆虫传播的传染病，如牛流行热、蓝舌病等。在寒冷冬季，家畜转为舍饲时，呼吸道传染病的发病率常有增高的现象。

自然因素对传染来源的影响也很显著。如果传染来源是野生动物，由于野生动物均生活在一定的自然地理条件下（如森林、沼泽等），它们所散播的疾病往往都局限在一定的自然疫源地内，如李氏杆菌病、钩端螺旋体病等，就是自然疫源性疾病。如果传染来源是家畜，则传染病的散播常受动物饲养条件的影响，而饲养条件在很大程度上是由气候、地理等因素决定的。

自然因素还影响家畜抵抗力。如在低温和高湿的条件下，不仅有利于病原体在外界环境中长期生存，还能降低家畜机体抵抗力，因而易感染呼吸系统传染病和条件病原微生物所致的传染病。

2. 社会因素　影响流行过程的社会因素，取决于人们对畜禽流行病的认识和重视程度。例如，当家畜是传染源时，传染病能否在家畜间继续散播，则决定于畜牧兽医人员是否及时地查明和隔离这些传染来源，并施行其他有效的防疫措施。水、空气、土壤、饲料、昆虫等，能否成为传染媒介，也是由人类的活动决定的。家畜对传染病的感受性，更是受人为的饲养管理制度和卫生条件的影响。

3. 饲养管理　包括饲养管理制度、营养水平以及畜舍建筑结构、通风设施多都可成为影响疾病发生和流行的因素。

五、传染病的诊断方法

及时而正确的诊断，不仅是对病畜进行有效治疗的前提，而且是预防工作的重要环节，关系到能否有效地组织防疫措施。常用方法有：临床诊断、流行病学诊断、病原学诊断、病理学诊断和免疫学诊断等。

（一）临床诊断

这是最基本的诊断方法。利用视、触、叩、听、嗅等方法对病畜进行检查，搜集症状，分析病因，有时也包括血、粪、尿的常规检验。通常只能提出可疑疫病的大致范围，必须结合其他诊断方法才能确诊。

（二）流行病学诊断

这是在疫情调查的基础上进行。以召开调查会及个别交谈的方式询问疫情，查阅有关记录资料和对现场仔细观察、检查，取得第一手资料，然后对材料进行归纳整理，去伪存真，做出判断。通常要做好流行概况调查、传染源调查、传播途径和传播方式的调查以及发病地区政治经济基本情况的调查等四方面的工作。

（三）病理学诊断

发现典型病理变化，验证临床观察结果，某些疾病即可确诊。

（四）病原学诊断

运用兽医微生物学的方法检查病原体。包括显微镜检查、分离培养和鉴定、动物接种试验、气相色谱分析、免疫组化技术和分子生物学检测技术等。

（五）免疫学诊断

血清学的方法使用频率最高。既可用已知抗原来测定动物血清中的特异性抗体，也可用已知的抗体来测定被检材料中的抗原。经典试验包括凝集试验、沉淀试验和有补体参与的反应。变态反应诊断对诊断某些传染病是很重要的，如结核病、布鲁氏菌病。

六、常见传染病的防控

（一）口蹄疫

口蹄疫（Foot and mouth，FMD），俗名“口疮”“蹄癀”，是由口蹄疫病毒引起的一种急性、热性、高度接触性传染病。临床上以口腔黏膜、蹄和乳房皮肤发生水疱和溃烂为特征。主要侵害偶蹄兽，偶见于人和其他动物。有强烈的传染性，往往造成大流行，不易控制和消灭，因此，世界动物卫生组织（OIE）一直将本病列为A类动物疫病名单之首。

1. 病原　口蹄疫病毒（FMDV）属于微核糖核酸病毒科中的口蹄疫病毒属。该病毒是目前所知最小的动物RNA病毒。病毒由中央的核糖核酸核芯和周围的蛋白壳体组成，无囊膜，成熟的病毒粒子约含30%的RNA，其余70%为蛋白质。RNA决定病毒的感染性和遗传性，病毒蛋白质决定其抗原性、免疫性和血清学反应能力，并对病毒中央的RNA提供保护。

FMDV具有多型性、易变性的特点。目前已知口蹄疫病毒在全世界有七个主型A、O、C、SAT1、SAT2、SAT3（即南非1、2、3型）和Asia（亚洲1型）。每一型内又有亚型，亚型内又有众多抗原差异显著的毒株。目前已发现65个亚型。各型之间在临诊表现上相同，但彼此均无交叉免疫性。同型各亚型之间交叉免疫程度变化幅度较大，亚型内各毒株之间也有明显的抗原差异。我国口蹄疫的病毒型为O、A型和亚洲1型。据观察，一个地区的牛群经过有效的口蹄疫疫苗注射之后，1～2个月内又会流行，这往往怀疑是另一型或亚型病毒所致。

该病毒对外界环境的抵抗力很强，含病毒组织或被病毒污染的饲料、皮毛及土壤等可保持传染性数周至数月。在冰冻情况下，血液及粪便中的病毒可存活120～170 d，对日光、热、酸、碱敏感。故2%～4%氢氧化钠、3%～5%福尔马林、0.2%～0.5%过氧乙酸、5%氨水、5%次氯酸钠都是该病毒的良好消毒剂。

2. 流行病学　口蹄疫病毒可侵害多种动物，但主要为偶蹄兽。家畜以牛易感（奶牛、牦牛、犏牛最易感，水牛次之），其次是猪，再次是绵羊、山羊和骆驼。仔猪和犊牛不但易感，而且死亡率也高。野生动物也可感染发病。

本病具有流行快、传播广、发病急、危害大等流行特点，疫区发病率可达50%～100%，犊牛死亡率较高，其他则较低。

病畜和潜伏期动物是最危险的传染源。在症状出现前，从病畜体开始排出大量病毒，发病初期排毒量最多。病畜的水疱液、乳汁、尿液、口涎、泪液和粪便中均含有病毒，其中，水疱液内及淋巴液中含毒量最多，毒力最强。隐性带毒者主要为牛、羊及野生偶蹄动物，猪不能长期带毒。

该病毒入侵的途径主要是消化道和呼吸道，也可经损伤的黏膜和皮肤感染。

该病毒经空气广为传播。畜产品、饲料、草场、饮水和水源、交通运输工具、饲养管理用具，一旦污染病毒，均可成为传染源。

本病传播虽无明显的季节性，但冬、春两季较易发生大流行，夏季减缓或平息。

3. 症状　该病潜伏期1～7 d，平均2～4 d。病牛精神沉郁，闭口，流涎，开口时有吸吮声，体温可升高至40～41℃。发病1～2 d后，病牛齿龈、舌面、唇内面可见到蚕豆至核桃大的水疱，涎液增多，并呈白色泡沫状挂于嘴边。采食及反刍停止。水疱约经一昼夜破裂，形成溃疡，呈红色糜烂区，边缘整体，底面浅平，这时体温会逐渐降至正常。在口腔发生水疱的同时或稍后，趾间及蹄冠的柔软皮肤上也发生水疱，也会很快破溃，然后逐渐愈合。有时在乳头皮肤上也可见到水疱。本病一般呈良性经过，经1周左右即可自愈；若蹄部有病变则可延至2～3周或更久；死亡率1%～2%，该病型称为良性口蹄疫。

有些病牛在水疱愈合过程中，病情突然恶化，全身衰弱、肌肉发抖，心跳加快、节律不齐，食欲废绝、反刍停止，行走摇摆、站立不稳，往往因心肌炎引起心脏停搏而突然死亡，这种病型称为恶性口蹄疫，病死率高达25%～50%。

哺乳犊牛患病时，往往看不到特征性水疱，主要表现为出血性胃肠炎和心肌炎，死亡率很高。

4. 病变　除口腔和蹄部的水疱和烂斑外，还可在咽喉、气管、支气管、食管和瘤胃黏膜见到圆形烂斑和溃疡，真胃和小肠黏膜有出血性炎症。恶性口蹄疫可在心肌切面上见到灰白色或淡黄色条纹与正常心肌相伴而行，如同虎皮状斑纹，俗称“虎斑心”。

5. 诊断

（1）发病急、流行快、传播广、发病率高，但死亡率低，且多呈良性经过。

（2）大量流涎，呈引缕状。

（3）口蹄疮定位明确（口腔黏膜、蹄部和乳头皮肤），病变特异（水疱、糜烂）。

（4）恶性口蹄疫时可见虎斑心。

6. 鉴别诊断　本病与下列疾病都有相似之处，应注意鉴别。

（1）牛瘟　传染猛烈，病死率高；舌背面无水疱和烂斑，蹄部和乳房无病变；水疱和烂斑多发生于舌下、颊和齿龈，烂斑边缘不整齐，呈锯齿状。胃肠炎严重，有剧烈的下痢；真胃及小肠黏膜有溃疡。应用补体结合试验和荧光抗体检查可确诊，也可以此加以区别。

（2）牛恶性卡他热　常散发，无接触传染性，发病牛有与绵羊接触史；病死率高；口腔及鼻黏膜、鼻镜上有糜烂，但不形成水疱；常见角膜混浊。无蹄冠、蹄趾间皮肤病变，这是与口蹄疫的区别所在。

（3）传染性水疱性口炎　流行范围小，发病率低，极少发生死亡；不侵害蹄部和乳房，马属动物可发病。

（4）牛黏膜病　地方性流行，羊、猪感染但不发病；牛见不到明显的水疱，烂斑小而浅表，不如口蹄疫严重。白细胞减少，腹泻，消化道尤其是食道糜烂、溃疡。

7. 实验室诊断　为了和类似疾病鉴别及毒型鉴定，必须进行实验室检查。目前口蹄疫的检测技术主要有病毒分离技术、血清学检测技术和分子生物学技术等。

病毒分离技术是检测口蹄疫的重要标准，主要有细胞培养和动物接种两种方法；血清学诊断技术主要有病毒中和试验（VNT）、补体结合试验（CFT）、间接血凝试验、乳胶凝集试验、免疫扩散试验、酶联免疫吸附试验（ELISA）、免疫荧光抗体试验、免疫荧光电子显微镜技术等；近年来，随着分子生物学的飞速发展，以及对FMDV研究的不断深入，已经建立起检测FMDV的各种分子生物学方法，其中包括聚合酶链式反应（PCR）、核酸探针、核酸序列分析、电聚焦寡核苷酸指纹图谱法、基因芯片技术等。

8. 防治　由于目前还没有口蹄疫患畜的有效治疗药物。世界动物卫生组织和各国都不主张，也不鼓励对口蹄疫患畜进行治疗，重在预防。

发生口蹄疫后，应迅速报告疫情，划定疫点、疫区，按照“早、快、严、小”的原则，及时严格封锁，病畜及同群畜应隔离急宰，同时对病畜舍及污染的场所和用具等彻底消毒。对疫区和受威胁区内的健康易感畜进行紧急接种，所用疫苗必须与当地流行口蹄疫的病毒型、亚型相同。还应在受威胁区的周围建立免疫带以防疫情扩散。在最后一头病畜痊愈或屠宰后14 d内，未再出现新的病例，经大面积消毒后可解除封锁。免疫参考程序：①种公牛、后备牛：每年注射疫苗2次，每间隔6个月免疫1次。肌内注射高效苗5mL。②生产母牛：分娩前3个月肌内注射高效苗5mL。③犊牛：出生后4～5个月首免，肌内注射高效苗5mL。首免后6个月二免，方法、剂量同首免，以后每间隔6个月接种1次，肌内注射高效苗5mL。羊的免疫程序参照牛的免疫程序执行，肌内注射，剂量减半。发生口蹄疫时，也可对疫区和受威胁的家畜使用康复动物血清或高免血清。

疫点粪便堆积发酵处理，或用5%氨水消毒；畜舍、运动场和用具用2%～4%氢氧化钠溶液、10%石灰乳、0.2%～0.5%过氧乙酸等喷洒消毒，毛、皮可用环氧乙烷或福尔马林熏蒸消毒。

（二）牛病毒性腹泻-黏膜病

牛病毒性腹泻-黏膜病（Bovine viral diarrhea - Mucosal disease，BVD - MD）简称牛病毒性腹泻或牛黏膜病。该病是以发热、黏膜糜烂溃疡、白细胞减少、腹泻、免疫耐受与持续感染、免疫抑制、先天性缺陷、咳嗽、怀孕母牛流产、产死胎或畸形胎为主要特征的一种接触性传染病。

目前BVD - MD已呈世界性分布，特别是畜牧业发达的国家，如美国血清学阳性率为50%、澳大利亚为89%、加拿大部分地区高达82%～84%、南美6国（巴西、智利、阿根廷、哥伦比亚、乌拉圭和秘鲁）达84.9%、法国76%、英格兰和威尔士54%～74%、瑞士78%～80%、印度17.31%。目前随着我国养牛业的快速发展，在新疆、内蒙古、宁夏、甘肃、青海、黑龙江、河南、河北、山东、辽宁、陕西、山西、广西、四川、江苏、安徽等20多个省（自治区、直辖市）也检测出此病。

1. 病原　牛病毒性腹泻病毒（BVDV），又名黏膜病病毒，是黄病毒科、瘟病毒属的成员，为单股RNA有囊膜病毒。本病毒耐低温，冰冻状态可存活数年。本病毒与猪瘟病毒在分类上同属于瘟病毒属，有共同的抗原关系。

2. 流行病学　本病对各种牛易感，绵羊、山羊、猪、鹿次之，家兔可试验感染。

患病动物和带毒动物通过分泌物和排泄物排毒。急性发热期病牛血中大量含毒，康复牛可带毒6个月。

主要通过消化道和呼吸道而感染，也可通过胎盘感染。

本病常年发生，多发于冬季和春季。新疫区急性病例多，大小牛均可感染，发病率约为5%，病死率90%～100%，发病牛以6～18个月居多。老疫区急性病例少，发病率和病死率低，隐性感染在50%以上。

3. 症状　潜伏期7～10 d。

（1）急性型　病牛突然发病，体温升高至40～42 ℃，持续4～7 d，有的呈双相热。病牛精神沉郁，厌食，鼻腔流鼻液，流涎，咳嗽，呼吸加快。白细胞减少（可减至3 000个/mm³）。鼻、口腔、齿龈及舌面黏膜出血、糜烂。呼气恶臭。通常在口内损害之后常发生严重腹泻，开始水泻，以后带有黏液和血。有些病牛常引起蹄叶炎及趾间皮肤糜烂坏死，从而导致跛行。急性病牛恢复的少见，常于发病后5～7 d内死亡。

（2）慢性型　发热不明显，最引人注意的是鼻镜上的糜烂。口内很少有糜烂。眼有浆液性分泌物。鬐甲、背部及耳后皮肤常出现局限性脱毛和表皮角质化，甚至破裂。慢性蹄叶炎和趾间坏死导致蹄冠周围皮肤潮红、肿胀、糜烂或溃疡，跛行。间歇性腹泻。多于发病后2～6个月死亡。

母牛在妊娠期感染本病时常发生流产，或产下有先天性缺陷的犊牛。最常见缺陷的是小脑发育不全。

4. 病变　主要病变在消化道和淋巴组织。特征性损害是口腔（内唇、切齿齿龈、上颚、舌面、颊的深部）食道黏膜有糜烂和溃疡，直径1～5 mm，形状不规则，是浅层性的，食道黏膜糜烂沿皱褶方向呈直线排列。第四胃黏膜严重出血、水肿、糜烂和溃疡。蹄部、趾间皮肤糜烂、溃疡和坏死。肠系膜淋巴结肿胀。犊牛小脑发育不全，亦常见大脑充血，脊髓出血。

5. 诊断　根据症状和流行病学情况，可以做出初步诊断，用不同克隆DNA探针可检测BVDV，检查抗体方法有BVDV血清中和试验、ELISA等。NCP株可用免疫荧光和免疫酶检测感染细胞试验，也可用PCR试验扩增检测血清中BVDV核酸。

本病应注意与牛瘟、口蹄疫、恶性卡他热、牛传染性鼻气管炎、水疱性口炎、蓝舌病等鉴别。

6. 防治

（1）防制措施　由于BVDV普遍存在，而且致病机制复杂，给该病的防制带来很大困难，目前尚无有效的控制方法，国外控制的最有效办法是对经鉴定为持续感染的动物立即屠杀及疫苗接种，但活疫苗不稳定，而且会引起胎儿感染，所以国外大多数学者主张采用灭活苗。防制本病应加强检疫，防止引入带毒牛、羊或造成本病的扩散。一旦发病，病牛隔离治疗或急宰；同群牛和有接触史的牛群应反复进行临床学和病毒学检查，及时发现病牛和带毒牛。持续感染牛应淘汰。

（2）治疗措施　本病在目前尚无有效疗法。应用收敛剂和补液疗法可缩短恢复期，减少损失。用抗生素或磺胺类药物，可减少继发性细菌感染。

硫酸庆大霉素120万U后海穴注射；硫酸黄连素0.3～0.4g、10%葡萄糖注射液500mL；0.2%氧沙星葡萄糖注射液或诺氟沙星葡萄糖注射液300mL；新促反刍液（5%氯化钙200mL、30%安乃近30mL、10%盐水300mL），分三步静脉点滴。也可饮2%白矾水，灌牛痢方（白头翁、黄连、黄柏、秦皮、当归、白芍、大黄、茯苓各30g，滑石粉200g、地榆50g、二花40g）均有疗效。

（三）牛流行热

牛流行热（Bovine epizootic fever）又称三日热或暂时热，是由牛流行热病毒引起牛的一种急性热性传染病。其特征是高热，流泪，流涎，流鼻液，呼吸促迫，后躯僵硬，跛行。一般为良性经过，经2～3d恢复。

1. 病原　牛流行热病毒（Bovine epizootic fever virus）属弹状病毒科狂犬病毒属的成员。成熟病毒粒子含单股RNA，有囊膜。对酸碱敏感，不耐热，耐低温，常用消毒剂能迅速将其杀灭。

2. 流行病学　本病主要侵害奶牛和黄牛，水牛较少感染。以3～5岁牛多发，1～2岁牛和6～8岁牛次之，犊牛和9岁以上牛少发。野生动物中，南非大羚羊、猬羚可感染本病，并产生中和抗体，但无临诊症状。在自然条件下，绵羊、山羊、骆驼、鹿等均不感染。

病牛是本病的主要传染源。病毒主要存在于高热期病牛的血液中。吸血昆虫（蚊、蠓、蝇）叮咬病牛后再叮咬易感的健康牛而传播，故疫情的存在与吸血昆虫的出没相一致。试验证明，病毒能在蚊子和库蠓体内繁殖。

本病的传染力强，呈流行性或大流行性。本病广泛流行于非洲、亚洲及大洋洲。

本病的发生具有明显的周期性和季节性，通常每3～5年流行一次，北方多于8—10月流行，南方可提前发生。

3. 症状　潜伏期3～7 d。发病突然，体温升高达39.5～42.5 ℃，维持2～3 d后，降至正常。在体温升高的同时，病牛流泪、畏光、眼结膜充血、眼睑水肿。呼吸急促，80次/min以上，听诊肺泡呼吸音高亢，支气管呼吸音粗粝。食欲废绝，咽喉区疼痛，反刍停止。多数病牛鼻炎性分泌物成线状，随后变为黏性鼻涕。口腔发炎、流涎，口角有泡沫。病牛呆立不动，强使行走，步态不稳，因四肢关节浮肿、僵硬、疼痛而出现跛行，最后因站立困难而倒卧。有的便秘或腹泻。尿少，暗褐色。妊娠母牛可发生流产、死胎，泌乳量下降或停止。多数病例为良性经过，病程3～4 d；少数严重者于1～3 d内死亡，病死率一般不超过1%。

4. 病变　急性死亡的自然病例，上呼吸道黏膜充血、肿胀，有点状出血，可见有明显的肺间质气肿，还有一些牛可有肺充血与肺水肿。淋巴结充血、肿胀和出血。实质器官混浊、肿胀。真胃、小肠和盲肠呈卡他性炎症和渗出性出血。

5. 诊断　根据大群发生，迅速传播，有明显的季节性，多发生于气候炎热、雨量较多的夏季，发病率高，病死率低，结合临床上高热、呼吸急促、眼鼻口腔分泌增加、跛行等做出初步诊断。

6. 鉴别诊断　应注意和以下疾病相区别。

（1）牛副流行性感冒　由副流感病毒Ⅲ型引起，分布广泛，传播迅速，以急性呼吸道症状为主，类似牛流行热。但是本病无明显的季节性，同居可感染，多在运输之后发生，故又称运输热；有乳腺炎症状，无跛行。

（2）牛传染性鼻气管炎　由牛疱疹病毒Ⅰ型引起的一种急性热性接触性传染病。临床上主要表现流鼻汁、呼吸困难、咳嗽，特别是鼻黏膜高度充血、鼻镜发炎，有红鼻子病之称。伴发结膜炎、阴道炎、包皮炎、皮肤炎、脑膜炎等症状；发病无明显的季节性，但多发于寒冷季节。

（3）茨城病　本病在发病季节、症状和经过等方面与牛流行热相似。但是本病在体温降至正常之后出现明显的咽喉、食管麻痹，在低头时瘤胃内容物可自口鼻返流出来，而且诱发咳嗽。

7. 实验室诊断　可采发热初期的病牛血液进行病毒的分离鉴定。血清学试验通常采用中和试验和补体结合试验检测病牛的血清抗体。

8. 防治　早发现、早隔离、早治疗，合理用药，护理得当，是防治本病的重要原则。本病尚无特效治疗药物，只能进行对症治疗：退热、抗菌消炎、抗病毒，清热解毒。如用10%水杨酸钠注射液100～200 mL、40%乌洛托品50 mL、5%氯化钙150～300 mL，加入葡萄糖液或糖盐水内静脉注射（简称水乌钙疗法）和新促反刍液（见牛黏膜病）分两步静脉注射；肌内注射蛋清20～40 mL或安痛定注射液20 mL，喂青葱500～1 500 g等均有疗效。

国外曾研制出弱毒疫苗和灭活疫苗。国内曾研制出鼠脑弱毒疫苗、结晶紫灭活苗、甲醛氢氧化铝灭活苗、β-丙内酯灭活苗。近年来研制出病毒裂解疫苗，在国内部分省区使用，效果良好。

第四节　常见普通病的控制

一、瘤胃积食

该病是牛的瘤胃内积滞过多的食物，使瘤胃容积增大，胃壁扩张，瘤胃运动机能紊乱的疾病。一般多见于舍饲的牛。

（一）症状

一般发生较快，采食与反刍均停止，不断地嗳气，有轻度腹痛，摇尾或后肢踢腹、拱背，有时发出呻吟声。

左腹下部轻度膨大，饥窝平满或略突出。触压瘤胃留有深浅不同的压痕，病牛表现疼痛。瘤胃蠕动音初期增强，以后减弱或停止。呼吸较促迫，黏膜常呈蓝紫色，脉搏增数若无并发症时，一般体温不变化。

（二）病因

多因吃了过多的质量不好、粗硬、易膨胀的饲料，如草根、豆饼、块根类食物，或吃了霉败饲料，或饲养方法突然改变，或一时吃了大量干料后又饮水不足等。由于过食，使瘤胃运动机能减弱，后送机能又一时发生障碍，使大量瘤胃内容物不得排除而积聚，进而发病。

（三）预防

主要在于加强饲养管理，防止过食，适当加强运动。

（四）治疗

病畜须禁食 1～2 d，但可不限制饮水。进行瘤胃按摩或缓步运动。药物治疗可用蓖麻油 500 mL，煮沸后使用，或硫酸钠 400～500 g，鱼石脂 15～25 g，常水适量，让牛一次服用。也可以配合应用10％的浓盐水 300～400 mL，牛一次静脉注射。心脏机能好的牛，也可以用 5％的硝酸毛果芸香碱液 2～4 mL，牛一次皮下注射。也可以用重曹 100～250 g，常醋 250～300 mL，加常水 3 000～6 000 mL 混合后灌服。心脏机能衰弱时，应及时强心补液。

如果上述措施治疗无效，可进行瘤胃切开手术。

二、瘤胃膨胀症

瘤胃膨胀症，多是由于反刍动物采食了大量容易发酵的饲料，迅速产生大量气体，而引起瘤胃急剧膨胀的疾病。该病常发生在夏季放牧的牛群和舍饲的牛。

（一）症状

多于采食过程中或采食过后不久突然发病，病初表现不安，回视腹部，后肢踢腹，背腰拱起。腹部迅速膨大，饥窝凸出，尤以左侧更为明显，可高至髋结节或背中线。反刍和嗳气停止，触诊左饥窝部紧张而有弹性，叩诊呈鼓音，听诊瘤胃蠕动音减弱。呼吸高度困难，可视黏膜呈蓝紫色。心搏动增强，脉搏增数。后期病畜张口呼吸，步样不稳或卧地不起，如果不及时治疗，很快会因窒息或心脏停搏而死亡。

（二）预防

由于本病多因采食了大量易发酵的饲料，或带有露水的幼嫩多汁的青草或苜蓿草、酒糟和霜冻的草，或腐败变质的饲料等而引起的。所以，平时要对牛限量饲喂易发酵的饲料，禁止饲喂质量不良的草料。就是在由舍饲改为放牧饲养时，也应逐渐进行，防止贪食过饱，及时发现，及时治疗。

（三）治疗

发现本病应及时治疗，治疗原则是排出气体、减轻压力、制止发酵和尽快恢复瘤胃机能。

本病发展迅速，延误治疗会很快导致死亡，故应迅速确诊，及时抢救。当患牛腹围不太大时，可用涂有松馏油或大酱的木棒衔于口中，使病牛不断咀嚼，促进嗳气。当腹围显著膨大，呼吸也高度困难时，应立即进行瘤胃穿刺，放出气体。在放出气体后，当即向瘤胃内注入制止发酵的药剂，也可以内服制酵剂或健胃剂。如烟叶（50～100 g）研碎，加植物油 500 g，用勺熬开，去火以后投入辣椒 100 g，炸黄为度，或内服姜酊、龙胆酊、大蒜酊等健胃剂。也可以静脉注射浓盐水，或内服莱菔子散。在膨胀停止后，为排除瘤胃内容物，可内服缓泻剂。

三、腐蹄病

该病是一种蹄趾腐烂病，常见于舍饲牛。

（一）病因

造成腐蹄的因素很多，主要是牛栏肮脏潮湿，圈舍不经常打扫，粪尿垫草也不起不垫。致使牛的蹄趾长期浸泡在粪尿的污水泥浆之中，蹄组织渐渐发生软化。或在放牧及使役时，牛的蹄底部被铁钉、硬石等坚硬物刺伤，使蹄趾感染坏死杆菌或化脓杆菌而发生此病。此病成年牛比幼年牛多发，冬春季比夏秋季多发。

（二）症状

病初患牛常表现食欲不好，站立蹄不肯完全着地，趾间皮肤潮红、肿胀。患肢有疼痛样，喜卧地，站立时间短。若两蹄同时患病，更难站立而喜欢卧地不起，走路困难，呈现严重跛行。检查时有的蹄底角质比较完整也看不出来炎症，但当用刀削蹄扩创后，在蹄底可发现小孔或大洞内塞有污泥，蹄趾可找到污臭的溃疡面。如不及时修整治疗，会并发蹄冠蜂窝组织炎和蹄关节炎。牛体逐渐消瘦，皮毛粗乱，蹄壳腐烂变形，最后丧失其生产能力。

（三）预防

平时要保持牛圈舍和运动场所的清洁与干燥。随时清理粪尿和污水，尽量避免粪尿污泥侵蚀蹄部，定时给牛以修蹄、削蹄和检查蹄部。在发病率较高的牛场里，可在其一条必经的通道处修建一个药池，内装10%的硫酸铜溶液，经常让牛浸蹄，能有效防止本病的发生。

（四）治疗

发现牛只跛行或站立不稳，或愿卧不起时，应对牛的蹄趾部进行细致的检查，发现本病及时对症治疗。但也要与刺伤、趾间损伤、蹄叶炎相区别，不过这些损伤与炎症也可以继发腐蹄病。

要注意定时进行合理的削蹄、护蹄，改正不正位的蹄座，对坏死的组织实行外科手术切除，撒上磺胺结晶粉或冰硼散，且包扎绷带。

中药疗法是使用血竭。首先将血竭捻成粉末，清理蹄部患处，涂上碘酊后，对患部撒上血竭粉，并用烧红的烙铁轻轻烙之，血竭预热后即溶化形成一层保护膜，最后塞上药棉，并扎上蹄绷带。

第五节　疾病防控应急预案

传染病的控制与扑灭应坚持“早、快、严、小”的方针，预防为主，群防群控。贯彻预防为主的方针，加强防疫知识的宣传，提高全社会防范突发重大动物疫情的意识；落实各项防范措施，做好人员、技术、物资和设备的应急储备工作，并根据需要定期开展技术培训和应急演练；开展疫情监测和预警预报，对各类可能引起突发重大动物疫情的情况要及时分析、预警，做到疫情早发现、快行动、严处理。

一、防控措施

传染病的防控措施，通常分为预防措施和扑灭措施两部分。前者是平时经常进行的，以预防传染病发生为目的；后者是以消灭已经发生的传染病为目的。实际上两者并无本质上的差别，而是相互联系，互为补充。因此，防制畜禽传染病，必须贯彻“预防为主”的方针。

对于传染病的防制，应针对流行过程的三个环节，即查明和消灭传染来源，切断传播途径，提高牛羊对传染病的抵抗力等三方面，采取综合性防治措施。

（一）加强饲养管理

建立和健全合理畜禽饲养管理制度，合理饲养，正确管理，以提高畜禽的抵抗力。贯彻自繁自养原则，减少疾病的发生和传播，是当前规模化养殖的重要措施之一。

（二）加强兽医卫生监督

坚持做好畜禽检疫工作是杜绝传染来源、防止传染病由外地侵入的根本措施。

1. 国境检疫　进行国境检疫的目的，在于保护我国国境不受他国畜禽传染病的侵入。凡从国外入境的畜禽和畜产品，必须经过设在国境的兽医检疫机关检查，认定是健畜或非传染性的畜产品时，方许进入国境。

2. 国内检疫　目的在于保护国内各省、市、县不受邻近地区畜禽传染病的侵入。凡从外地输入畜禽和畜产品时，须有《检疫证明书》，并经输入地区兽医机构检查，认定是健畜或非传染性畜产品时，方许入境，以防家畜传染病由疫区传入。

3. 市场检疫　家畜交易市场，由于畜禽大量集中，而增加了传染病的散播机会。因此，加强市场检疫，对防止传染病的传播极为重要。

4. 屠宰检验　肉类联合加工厂或屠宰场进行屠宰检验，对保护人民健康、提高肉品质量和防止畜禽传染病的传播都具有重要意义。

5. 养殖场的健康畜群每年都要定期检疫　目的在于及早发现传染来源，防止扩大传染。对新购入的牛羊，也必须进行隔离检疫，观察一定的时间，认定是健康者，方许并入原有健康群。

（三）搞好兽医卫生

做好经常性的消毒、杀虫、灭鼠工作，对外界环境、畜舍进行定期性消毒工作，这是规模化、机械化养殖场防止畜禽传染病发生的一个重要环节。

（四）搞好预防接种

在经常发生某些传染病的地区，或有发生该病潜在的可能性的地区，为了防患于未然，平时有计划地给健康畜群进行疫（菌）苗接种，称为预防接种。为了使预防接种做到有的放矢，需要查清本地区传染病的种类和发生季节，并掌握其发生规律、疫情动态、畜禽种类、头（只）数，以及饲养管理情况，以便制订出相应的预防接种计划，即科学的免疫程序。

二、扑灭措施

国家根据突发重大动物疫情的范围、性质和危害程度，对突发重大动物疫情实行分级管理。各级政府负责制订本辖区的突发重大动物疫情应急预案。养殖场（户）及个人应严格遵照产区各级政府应急突发重大动物疫情预案规定，在养殖范围内做好疫情应急处理的相关工作。当发生突发重大动物疫情时，要迅速做出反应，采取果断措施，及时控制和扑灭突发重大动物疫情。

（一）及时发现和诊断

在发现传染病或疑似传染病时，应立即报告当地畜禽防疫机构或乡镇兽医站，由当地畜禽防疫机构或乡镇兽医站来组织有关专家进行确诊和负责通知邻近有关单位，以便采取相应的预防措施。特别是当可疑为口蹄疫、炭疽、牛瘟等一类疫病时，一定要立即上报。及早而准确的诊断，是扑灭畜禽传染病的一个主要环节。越早查明或消灭传染来源，就越能防止传染病的蔓延。因此，早期诊断有极大的预防意义。

（二）迅速隔离病畜

污染的地方进行紧急消毒：隔离病畜和可疑病畜，是为了控制传染来源，把疫情限制在最小范围内，以便就地消灭。为此，当畜禽传染病发生时，首先要查明疫情蔓延的程度，应逐头进行临床检查，必要时进行血清学和变态反应等特异性检查。根据检查结果，可将受检家畜分为病畜、可疑病畜和假定健康畜等三群，分别进行隔离。

病畜是指有明显症状的典型病例，是最危险的传染来源，应在彻底消毒的情况下，将其单独隔离或集中隔离在原来的畜舍，最好是送入病畜禽隔离舍，要有专人管理，禁止闲杂人员或其他畜禽出入或接近，并在隔离病畜舍出入口设消毒槽。专用的饲养用具要经常消毒，粪便要妥善处理。

可疑病畜是指无任何症状，但与病畜及其污染的环境有过明显接触，如同群、同畜舍、同槽、同牧、使用共同的水源、草场及用具等。这类畜群有可能处在潜伏期，并有排菌（毒）的危险，应在严格消毒后转移到别处看管，并限制其活动，详细观察。有条件时，应立即进行紧急预防接种或用药物预防。

假定健康畜是指与病畜、可疑病畜没有接触过的家畜。对这种畜禽可立即进行紧急免疫接种，如无疫（菌）苗，可根据实际情况划分小群饲养，或转移至偏僻饲养地。

隔离病畜的期限，依据传染病的性质和潜伏期的长短而不同。一般急性传染病隔离的时间较短，慢性传染病隔离的时间较长。此外，亦应根据各种传染病痊愈后带菌（毒）的时间不同，来决定病畜隔离期限。

（三）封锁疫区

这是为了防止传染病由疫区向安全区传播所采取的一种紧急措施。根据我国动物疫病防疫法的规定：当发生严重的或当地新发现的畜禽传染病时，畜牧兽医人员应立即报请当地人民政府，划定疫区范围，进行封锁。封锁区的划分，必须根据该病的流行规律，当时疫情流行情况和当地的具体条件充分研究，确定疫点、疫区和受威胁区。执行封锁应根据“早、快、严、小”的原则，即报告疫情要早，行动要快，封锁要严，范围要小，这是我国多年实践总结出来的经验。

疫点为病畜所在的畜舍、牧场。在农区划分疫点的范围包括病畜栏圈、运动场，连同与病畜的栏圈及运动场十分接近的场所；在牧区划定的疫点，应包括足够的草场和饮水地点。封锁的疫点应采取的措施有：严禁人、畜禽、车辆出入和畜禽产品及可能污染的物品运出，特殊情况下人员必须出入时，需经有关兽医许可，并进行严格消毒后方可出入；对病死畜禽及其同群畜禽，由县级以上农牧部门决定采取扑杀、销毁或无害化处理等措施；疫点出入口必须有消毒设施，疫点内用具、圈舍、场地必须进行严格消毒，疫点内的畜禽粪便、垫草、受污染的草料必须在兽医人员监督指导下进行无害化处理。

疫区为疫病正在流行的地区，即病畜所在地及病畜在发病前后一定时间内，曾经到过的地点。实施封锁措施时，要做好以下工作：在封锁区边缘设立明显的标志，指明绕行路线，设置监督岗哨，禁止易感动物通过封锁线，在必要的交叉路口设检疫站，对必须通过的车辆、人和非易感动物进行消毒或检疫；停止集市贸易和疫区内畜禽及其产品的采购流通，做好必要的杀虫灭鼠工作；未污染的畜禽产品必须运出疫区时，需经县级以上农牧（兽医检疫）部门批准，在兽医防疫人员监督指导下，经外包装消毒后运出；非疫点的易感畜禽，必须进行检疫或预防注射；农村城镇饲养及牧区畜禽与放牧水禽必须在指定地区放牧，役畜限制在疫区内使役。

受威胁区为疫区周围可能受到传染的地区。受威胁区的范围可根据疫区山川、河流、交通要道、社会经济活动的联系等具体情况而确定。疫区和受威胁区统称为非安全区，而非安全区以外的地区视为安全区。受威胁区应采取如下主要措施：对受威胁区内的易感动物应及时进行预防接种，以建立免疫带；管好本区内的易感动物，禁止出入疫区，并避免饮用疫区流过来的水；禁止从封锁区购买牲畜、草料和畜产品，如从解除封锁后不久的地区购进牲畜或其产品时，必须进行隔离观察，必要时对畜产品进行无害处理；对设于本区的屠宰场、加工厂、畜产品仓库等进行兽医卫生监督，拒绝接受来自疫区的活畜及其产品。

（四）解除封锁

疫区内（包括疫点）最后一头病畜禽扑杀或痊愈后，经过该病一个潜伏期以上的检测、观察，再未出现病畜禽时，经彻底消毒处理，由县级以上农牧部门检查合格后，经原发布封锁令的政府发布解除封锁后，并通报毗邻地区和有关部门。疫区解除封锁后，病愈畜禽需根据其带毒时间，控制在原疫区范围内活动，不能将其调入安全区。

三、治疗措施

（一）特异疗法

应用针对某种传染病的高免血清、噬菌体等特异性的生物制剂所进行的治疗。这种疗法的特异性很高，如抗破伤风血清对治疗破伤风具有特效。高免血清用于某些急性传染病如牛出血性败血症等的治疗，一般在发病初期注射足够的数量，可收到良好效果。如无高免血清，而以耐过动物或人工免疫动物的血清代替时，虽可起一定的作用，但用量必须加大。

（二）抗生素疗法

按传染病的性质选择使用抗生素，例如，革兰氏阳性菌（如炭疽等）引起的，可选用青霉素；革兰氏阴性菌（如大肠杆菌病、沙门氏菌病等）引起的，可选用链霉素和氯霉素治疗。使用抗生素时，开始剂量宜大，以便集中优势药力消灭病原体，以后则可按病情酌减其用量。疗程则根据传染病的种类和病畜的具体情况来决定。如果治疗用药选择不当或使用不当，不仅浪费药品，达不到治疗目的，反而会造成种种危害。

（三）化学疗法

是用化学药物消灭和抑制动物体内病原体的治疗方法。常用的有磺胺类药物、抗菌增效剂和喹诺酮类药物，治疗结核病的异烟肼（雷米封）、对氨基水杨酸钠等。

（四）微生态平衡疗法

通过使用微生态制剂以调整正常菌群平衡达到治疗目的的方法。

（五）对症疗法

系按症状性质选择用药的疗法，是减缓或消除某些严重症状、调节和恢复机体的生理机能而进行的一种疗法。如体温升高时，可用氨基比林或安乃近解热，伴发心脏衰弱时，可用樟脑、咖啡因或洋地黄强心；咳嗽时可用氯化铵或远志祛痰止咳等。

（六）护理疗法

对病畜加强护理，改善饲养，多给新鲜、柔软、易消化的饲料。若动物无法自食，可用胃管灌服米汤、稀粥等流动性食物，以免家畜因饥饿和缺水死亡。此疗法对疾病的转归影响很大，不可忽视。

（七）中兽医疗法

如利用白头翁结合西药可以治疗牛病毒性腹泻。

第九章
养牛场建设与环境控制

第一节　养牛场选址与建设

一、总体原则

牛场场址的选择要有周密的考虑、通盘的安排和比较长远的规划，以适应现代化养牛的需要。牛场的位置应具备必要的疫病隔离条件，同时，还要有便利的交通条件。牛场应远离居民区，且处于居民区的下风向。牛场地势应该高、平坦、稍斜坡。土质沙壤、耐压、透气、吸湿；地下水位低（3 m 以下），排水良好；水源充足、水质良好。选在离饲料生产基地和放牧地接近、供电方便的地方。但不要靠近交通要道，以利防疫和环境卫生。

二、场地布局

牛场内各种建筑物的规划与布局，应本着因地制宜和科学饲养管理的原则，做到整齐、紧凑、提高土地利用率和节约基本建设投资、有利于整个生产过程和便于防疫及防火安全。

育肥牛场除建牛舍外，还应修建相应的料库、草库、青贮窖、调料间以及办公室、值班室等附属设施。各建筑物之间道路畅通，联系要方便，缩短供电、供水、供草料的距离。各建筑物间应设绿化带，周围设围墙，生产区应建在下风向（图 9－1）。一个现代化的育肥牛场必须有四条管理线，即三条生产线和一条参观线。在整体布局上要保持四条管理线互不交叉。具体的是：防疫线、饲喂线、排污线和参观线互不交叉。一般牛场可划分为 4 个区域：即生产区、辅助生产区、行政管理区和污物处理区。

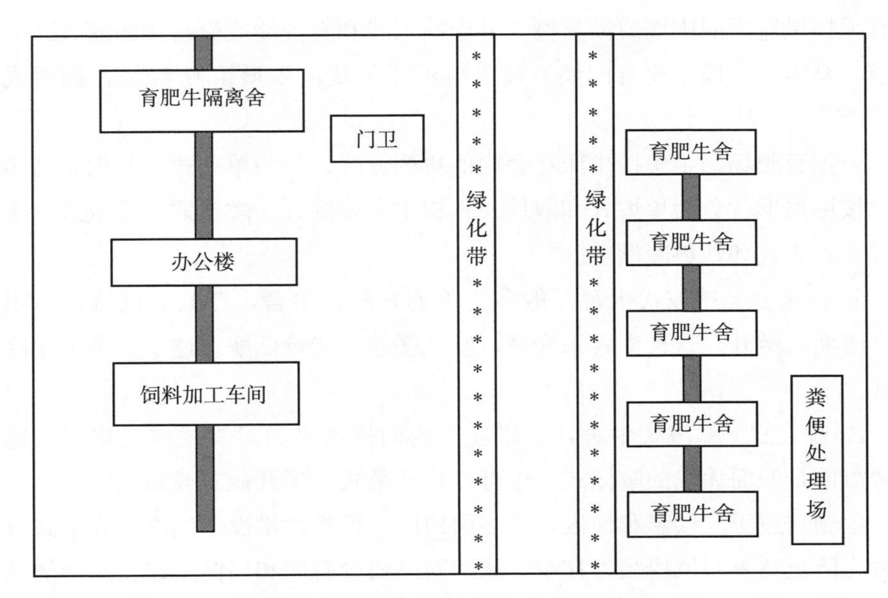

图 9－1　育肥牛场规划

第二节　养牛场设施设备

一般养牛场包括肉牛舍、运动场、饲料车间、饲草库、青贮窖、粪污处理池等基础设施。条件好的肉牛养殖场还可根据当地生产条件，修建沼气系统、复合肥料加工车间等配套养殖生产设施。

一、牛舍

肉牛饲养与饲养环境条件有很重要的关系。东北地区冬季较长，而夏季又相对炎热，这对养牛生产影响较大。设计防寒保温牛舍是保障提高肉牛生产效率、节约饲料必须考虑的因素。但无论是规模养牛场，还是散养户，牛舍的建筑都要符合牛的生理特点。牛舍要求结构简单，坚固耐用，既能保持卫生，又便于管理。

（一）育肥牛舍的类型

以育肥牛为例，棚舍的类型可分为露天式和舍饲式两种。露天式育肥场根据有无挡风遮雨的围墙或简易棚，分全露天式和有围墙或简易棚的露天式。据报道，全露天式肉牛比有围墙或简易棚的露天式肉牛增重慢12%，饲料成本高14%。

舍饲育肥场的牛舍按牛床在舍内的排列方式，分为单列式、双列式和多列式；按屋顶形状分为单坡式和双坡式；按牛舍墙壁分为敞篷式、开敞式、半开敞式、封闭式和塑料暖棚等。

1. 单坡式　单坡式牛舍一般多为单列开放式牛舍，三面有围墙，向阳一面（南面）敞开。这种牛舍采光好，空气畅通，造价低廉，适于冬季不太冷的地区。

2. 双坡式　双坡式牛舍，牛床在舍内的排列多为对头式或对尾式。这种牛舍可以是四面无墙的敞棚式，也可以是开敞式、半开敞式或封闭式。

敞棚式适于气候温和地区，在多雨地区，可将食槽设于棚内；开敞式双列牛舍为防止冬季寒风侵袭，在东、北、西三面设有墙和门窗；在较寒冷的地区多采用半敞式与封闭式，牛舍北面及东西两侧有墙和门窗，而在南面只有半堵墙者为半开敞式，南面封起来的称为封闭式。这样的牛舍造价较高，但有利于冬、春季防寒，炎热夏季则要注意通风和防暑。

（二）牛舍必备的条件

1. 保温　育肥牛最适宜的温度为10～15℃，适合温度5～21℃。饲养水平较高时，育肥牛对低温耐受力较强，而对高温的耐受力较差。环境温度过高或过低，都要增加能量的消耗，既不利于增重，又加大了饲养成本。因此，牛舍必须具备良好的保温能力。

2. 保湿　育肥牛舍内湿度应控制在相对湿度50%～70%，不超过75%为宜。在温度正常范围内的条件下，空气湿度对牛体热调节无明显影响；但在低温、高湿或高温、高湿时，对育肥牛的健康均有不良影响。

3. 通风　牛舍的建设中有一个最大的问题，就是冬天舍内的污气排放。牛的体重大，粪便都积攒在舍内，形成大量的氨气、碳酸气，并产生大量湿气，这些污浊气体与水气共同凝结在冰冷的墙上及顶板上，造成又湿又臭的环境，对人和牛都不利。牛舍要留有通风孔，有条件的还可以建设通风管道。当温度升高时，应加强通风，促进体热散失；而在低温时，应避开冷风的吹袭，减少体热的损失。

4. 卫生条件　牛舍应保持干燥、清洁。如果牛体受到泥土、粪尿污染，在高温季节影响散热，寒冷时又增加了热量的散失，不利于增重。

牛是大型家畜，一头牛每天的排粪量与排尿量大体相等，育肥牛体重在300 kg时，排泄数量为15 kg，体重在400 kg时排泄量为25 kg，体重在500 kg时排泄量为30 kg。按育肥牛统计，堆粪场面积可以按每头10 m^2 计算。

对于大型牛场，还应配备饲料生产机具、给料车、除粪机具等设备；小型牛场或散养户可酌情配置必需机具。

（三）牛舍的建造

为达到以上要求，育肥牛舍的顶部要求选用隔热保温性能好的材料，样式可采用坡式、平顶式或平拱式；墙壁要坚固，墙高一般2.2～2.5 m，墙围高0.5～1 m；牛舍地面采用砖地或水泥地面；喂饲过道1.2～1.5 m。牛床长度：育肥牛一般1.6～1.8 m，成年母牛1.8～1.9 m，宽度均为1.1～1.2 m，坡度1.5%～2%，前高后低，后有排粪尿沟及污水沟，宽0.3 m，深0.15～0.2 m。饲槽设在牛床前面，槽上口宽50～60 cm，槽底宽30～40 cm，槽内缘高25～35 cm，槽外缘高60～80 cm。对小犊牛各尺寸可适当减少。牛舍的门一般设正门和侧门，正门宽2.2～2.5 m，侧门宽1.5～1.8 m，高2 m；牛舍窗户设置一般南多北少，南大北小，距地面高1.2～1.4 m。舍外运动场的大小，育肥牛拴系饲养，无运动场；成年母牛每头10～15 m^2。

1. 普通养牛户牛舍建筑　我国东北地区农村靠家庭自有劳动力实施小规模养牛的农民户，养牛头数不多，一般在10多头。其牛舍建筑有别于大型肉牛场，但应遵循以下牛舍建筑的基本结构要求。

（1）地基　要求土地坚实、干燥，可利用天然的地基。若是疏松的黏土，则需用石块或砖砌好，并高出地面。地基深一般0.8～1.0 m。地基与墙壁之间最好有油毡绝缘防潮层。

（2）墙壁　砖墙厚0.5～0.75 m。应抹1 m高的墙裙。在农村也可用土坯墙、土打墙等以节省资金，但从地面算起至少应砌1 m高的石块。土墙造价低，投资少，但缺点是不耐久。

（3）顶棚　北方寒冷地区，顶棚应用导热性低和保温的材料。顶棚距地面为3.5～3.8 m。南方则要求防暑、防雨并通风良好。

（4）屋檐　屋檐距地面为2.8～3.2 m。屋檐和顶棚太高，不利于保温；

过低则影响舍内光照和通风。可视各地最高温度和最低温度而定。

（5）门与窗　牛舍的大门应坚实牢固，宽2.0～2.5m，不用门槛，最好设置推拉门，一般南窗应较多、较大（1.0m×1.2m），北窗则宜少宜小（0.8m×1.0m），窗台离地面高度以1.2～1.4m为宜。

（6）牛床　水泥及石质牛床，导热性好，清洗和消毒方便，但造价高。砖牛床，用砖立砌，用石灰或水泥抹缝，导热性好，硬度较高。土质牛床，将土铲平、夯实即可，是最省材的牛床。

（7）通道　牛舍中间走道和饲料道要求宽度在1.3～1.5m。

2. 塑料暖棚建造　在我国北方寒冷地区，冬季气温通常都在0℃以下，东北、内蒙古地区甚至在－10℃以下，造成牛体热散失量大，饲料消耗增多，有时不仅不上膘，还浪费饲料。因此，通过在冬季搭建塑料暖棚，实行暖棚养牛，对节约饲料、增加养牛户收入极有好处。

暖棚的扣棚时间应根据当地的气候条件，一般气温低于0℃时即可扣棚，时间大致为当年11月上旬至翌年3月中旬。扣棚时，塑料薄膜应绷紧拉平，四边封严，不透风。夜间和雪天应用草帘、棉帘或麻袋先将棚盖严保温；及时清理棚面积雪、积霜，以保证光照效果和防止棚面薄膜损伤。

暖棚应建在背风向阳、地势高燥处。若在庭院要靠北墙，使其坐北朝南，以增加采光时间和光照强度，有利于提高舍温，切不可建在南墙根。所用塑料薄膜要选用白色透明农用膜，0.02～0.05mm厚。牛舍后坡占牛舍地面跨度的2/3，前坡为地面跨度的1/3。上面覆盖塑料大棚膜，既透光、吸热、保温，重量又轻。由于采用太阳光入射角30°～40°，保证后墙根都能照到阳光。塑料坡度为40°～65°，冬天中午太阳光几乎与塑料面直射，有较大的受光面积，又能获得较大的透光率，增加了圈内温度。通过实地观测，冬天圈外温度在－20℃时，圈内夜间最低温度在6℃以上，白天最高可达10℃以上。所以不影响牛的生长发育和增膘。

由于塑料坡度加大，水滴可顺坡而下，可以用水槽接住，这样减少了圈内湿度。舍内粪尿应每天定时清除。

扣棚时可在牛圈的一头盖饲料、饲草调制室和饲养员值班室，牛的出入门可在牛棚的另一端设置。

这种牛圈的优点是造价低，管理方便，由于牛圈不上冻，冬天照常可以用水冲洗和清除粪便，减少了饲养员的劳动强度。

（四）寒地不同育肥牛舍的养殖效益对比

2005 年 4 月，在公主岭市和梨树县肉牛示范小区内，开展了三种类型的育肥牛舍（单脊塑料大棚式育肥牛舍、双脊封闭式育肥牛舍、圆顶封闭式育肥牛舍）育肥牛增重对比试验。在 3 种牛舍各随机选择 50 头体重相近的三元杂交肉牛作为育肥试验牛。经过 15 个月 3 个批次（每个批次 5 个月）的肉牛养殖对比试验。

表 9-1　3 种牛舍育肥牛试验增重数据

	头数（头）	始重（kg）	出栏重（kg）	增重（kg）	屠宰率（%）	成本（元）	售价（元/kg）	总收入（元）	利润（元）
单脊塑料大棚	150	358±45.16	586±39.87	228	57.65	4 160	8.7	5 098.2	938.2
双脊封闭牛舍	150	385±70.69	575±51.61	190	56.71	4 366	8.5	4 887.5	521.5
圆顶封闭式牛舍	150	355±50.69	561±52.63	206	56.12	4 138	8.4	4 712.4	574.4

注：从长春皓月牛市购牛价格 7.6 元/kg，长春皓月公司收育肥牛价格以屠宰率定收购价格，即屠宰率达 54%，收购价 8.0 元/kg，屠宰率增加 1 个百分点，收购价格上涨 0.1 元/kg，屠宰率 4 舍 5 入。育肥期间每头牛每天饲养成本 9.6 元（饲料费、人工费、水电费、牛舍折旧费等）。

从表 9-1 的试验数据来看：

增重大小顺序是，单脊塑料大棚式育肥牛最好，其次是圆顶封闭式牛舍育肥牛，再次是双脊封闭式牛舍育肥牛。

经济效益顺序是，单脊塑料大棚式育肥牛最好，其次是圆顶封闭式育肥牛，再次是双脊封闭式育肥牛。

肉牛在不同建筑牛舍育肥对比试验表明：在东北寒冷地区，从增重和经济效益来看，单脊塑料大棚式牛舍养殖肉牛最佳。这是因为单脊塑料大棚式牛舍通风换气和采光效果比另两种牛舍要好得多，牛舍内冬季温度较高，舍内相对干燥，同时换气快，从而使舍内产生的有害气体能够较快排放出去，使牛的生活环境质量得到提高，有利于充分发挥肉牛的生产潜力。另外单脊塑料大棚式育肥牛舍，造价相对较低，这也是促进农民养殖肉牛的因素之一，也是东北地区单脊塑料大棚式育肥牛舍能够得到广泛推广的原因。

（五）牛舍内设施

1. 牛床　牛床是牛吃料休息的地方，因此牛床合理的设计是至关重要的。

设计牛舍牛床一定要满足保温、不吸水、坚固、容易卫生消毒及耐用等基本要求。其次要求牛床的尺寸设计合理化。

牛床长度：牛床的长度取决于牛体大小和拴系方式，一般为1.6～1.8 m（自饲槽后沿至排粪沟）。牛床不宜过短或过长，过短时牛起卧受限，容易引起腰肢腿蹄损伤；牛床过长，粪便不能落入排粪沟，容易污染牛床和牛体。

牛床宽度：牛床的宽度取决于牛的体型，一般为1.1～1.2 m。

牛床坡度：牛床应有适当的坡度（前高后低），通常要高出清粪通道5 cm，以利于冲洗和保持干燥，坡度常采用1%～1.5%较为适宜。

牛床地面：牛床最好是木质，其次是砖牛床，通常采用水泥地面，水泥地面最好在后半部画线防滑。牛床上铺设垫草或木屑，既有利于保持干燥，减少蹄病，又有利于保持牛床卫生。

2. 食槽与水槽　食槽设在牛床的前面，其长度与牛床的宽度相同，食槽一般做成通槽式，食槽上部宽50～70 cm，底宽35 cm左右，底呈弧形为好，槽内缘高35 cm（靠近牛床一侧），外缘高60～80 cm。之所以把食槽的外沿设计得高一点，主要是防止牛把饲料拱出来，既减少了浪费，又能全面摄入营养。水槽挂在两头牛之间，两头牛共用一个水槽。在大型育肥牛场中多使用自动饮水器，自动饮水器方便、科学，但造价高，小型牛场用不起。另外，冬季牛舍温度不能保持在零度以上的情况下，也不能用。对较小的育肥牛场来说，食槽水槽通常共用一个，吃完草料后给水。

3. 清粪道与尿沟　清粪道的宽度要满足运输工具的往返，一般宽度为1.5～1.7 m，清粪道也是牛出入的通道。路面要画横线，以防人或牛滑倒。

在牛床与粪道之间一般设有排粪明沟，明沟宽度为30～35 cm，深度为15～18 cm。

4. 饲料通道　在食槽前面设有饲料通道，用于运送、投放饲料，应根据运料工具和操作时必须的宽度来决定其尺寸，一般宽1.2 m左右。

二、运动场

肉牛每日定时到舍外运动，能促进肉牛机体各种生理过程的进行，增强肉牛体质，促进增重。因此，肉牛养殖场有必要设置外运动场，运动场应选择背风向、向阳的地方。一般利用肉牛舍间距，也可在肉牛养殖场两侧分别设置。如受地形所限，也可设在场内比较开阔的地方。

运动场要平坦，稍有平坦度，便于排水和保持干燥。四周设置围栏或墙。其高为12～1.5 m。运动场内的面积，既能保证肉牛自由活动，又能节约用地。一般每头牛占用面积为7～10 m^2。运动场内应设置凉棚，以防止肉牛在夏季受曝晒及雨淋。凉棚可以搭临时性的，但最好搭永久性的。凉棚地面应采用三合土的硬地面，略高于运动场，凉棚顶的建筑可就地取材。每头牛占凉棚的面积为2～4 m^2。

三、饲料加工设备与设施

（一）饲料库

饲料库建在饲养区靠近大门处，以便于来料卸货。根据牛群数量可建一幢或多幢，分为原料间、加工间和成品间。若是购进成品料，仅建成品饲料库房即可。

（二）饲料调制室

可设在成品饲料库房内，也可设在各栋牛舍的一头，以方便饲料调制和有利于调制饲料上槽为原则。

（三）草垛棚

设在饲养区的下风地段，以离开牛舍和饲料间，便于防火。修建条式透风地基，以防草垛受潮霉变。草垛棚的大小根据牛群数而定。

1. 精饲料加工设备　大、中型牛场应该有配合饲料加工成套设备，小型牛场和散养户应该备有小型的饲料粉碎机和搅拌机，饲养3～5头的小户，也应该有小型粉碎机。

2. 粗饲料加工设备　常用的粗饲料加工设备主要是铡草机和粉碎机，近年又有了秸秆揉搓机。使用揉搓的秸秆喂牛效果比较好。大、中型育肥牛场如果制作玉米全株青贮饲料或是秸秆青黄贮饲料，应该备有青贮饲料收割、粉碎、运输成套设备。

（四）青贮窖或青贮塔建在饲养区

牛场都应该设有青贮窖。选择既便于运进原料，又靠近牛舍的地方。根据地势、土质情况，可建成地下式或半地下式长方形或方形的青贮窖，也可建成青贮塔。青贮窖建圆形或长方形均可，永久性青贮窖可用石头、砖、混凝土建成，半永久性青贮窖只是一个土窖，用时衬上一层塑料布。窖或塔的墙壁坚固结实，内壁光滑、不透气、不漏水。长方形青贮窖的宽、深之比以 1∶(1.5～2) 为宜。长度以饲用需要量决定。青贮塔建成圆形，塔顶要防漏雨，在塔身一侧每隔 2 m 高开一个 0.6 m×0.6 m 的窗，便于进料和取料。青贮塔高 10～14 m，直径 3.5～6 m，根据饲用需要量决定塔高和直径。

青贮窖的大小由家畜饲养量而定，一般 1 m^3 青贮窖可贮存青贮料 500～600 kg。如饲养 15 头牛，每头牛每天喂 15 kg 青贮料，育肥期 120 d，需青贮料约 27 t，建一个 54 m^3 的青贮窖即可，大型牛场可建青贮壕。

四、消毒与粪污处理设施

（一）消毒池

在饲养区大门口和人员进入饲养区的通道口，分别修建供车辆和人员进行消毒的消毒池，以对进入车辆和人员进行常规消毒。车辆用消毒池的宽度以略大于车轮间距即可。参考尺寸为长 3.8 m、宽 3 m、深 0.1 m。池底低于路面，坚固耐用，不透水。在池上设置棚盖，以防止降水时稀释药液，并设排水孔以便换液。人用消毒池，采用踏脚垫浸湿药液放入池内进行消毒，参考尺寸为长 2.8 m、宽 1.4 m、深 0.1 m。

（二）污水分离沉淀池

污水分离沉淀池是建在粪尿处理区的重要设施。分为大小不同的 2～3 个池子，对污水进行一级和二级处理。池子的大小可根据牛场规模来决定。

五、其他配套设施

有条件的养殖场可以利用牛粪等饲养蚯蚓、生产沼气、制造复合肥料等。

1. 蚯蚓养殖地　是利用粪肥养殖蚯蚓的场地。地面为水泥面或用砖铺设。以养殖蚯蚓的规模决定场地面积。

2. 沼气池　是有机物质通过微生物厌氧消化作用，人工制取沼气的装置。因地制宜砌块建池或整体建池。目前农村普遍推广水压式沼气池，这种沼气池具有受力合理、结构简单、施工方便、适应性强、就地取材、成本较低等优点。使养殖场的粪尿、杂草入池堆沤产气，料底做肥料。科学使用沼气，减少浪费，提高热能利用率。

3. 粪池和复合肥加工场包括粪池和粪晾晒场　粪尿从牛舍运来后在粪池中发酵，以增加肥力和致死病原体。根据牛场规模和数量修建若干个粪池和足够面积的晾晒场地。

对于大型牛场，应配备以下设备：

(1) 饲料生产机具　如拖拉机和耕作机械，用于青贮塔（窖）的青贮料切草机、割草用镰刀、粉碎机；如自制配合饲料，则需选用适当的配合饲料加工机组。

(2) 给料车　一般用手推车，大型育肥牛场则需要自动或半自动的给料系统机具。

(3) 除粪机具　包括清除粪便的除粪车，田间撒粪车、拖车等。除此之外，还需配置一般的管理器具和饲养器具。管理器具有刷拭牛的铁挠、毛刷，拴牛用的鼻环、缰绳、旧轮胎制的颈圈，清扫畜舍的叉子、三齿叉、扫帚。饲养器具有水槽、饲槽等。削蹄用的短削刀、镰刀及无血去势器、体尺测量用器械等及体重秤、耳标。小型牛场或散养户可酌情配置必需机具。

第三节　养牛场环境控制

作为恒温动物的肉牛，通过产热和散热的平衡来保持稳定的体温。任何环境的变化，都会直接影响其本身和该环境之间的热交换总量，因此它为保持体热平衡就必须进行生理调节。若环境条件不符合肉牛的“舒适范围”，那么肉牛就要进行相当大的调节，从而影响其生长发育、育肥效果和健康。肉牛保持体温相对稳定的能力因品种、性别、年龄、生产力水平和生理阶段等的不同而有所差异。因此控制肉牛的生活环境在适宜范围之内，是生产者所追求的目标。

牛舍是肉牛活动（采食、饮水、走动、排粪、睡眠）的场所，也是工作人员进行各种生产活动的地方，牛舍类型及其他许多因素都可直接或间接地影响舍内环境的变化。有些发达国家对牛舍环境十分重视，制定了牛舍的建筑气候区域、环境参数和建筑设计规范等，作为国家标准而颁布执行。为了给肉牛创造适宜的环境条件，对牛舍应在合理设计的基础上，采用供暖、降温、通风、光照、空气处理等措施，对牛舍环境进行人为控制，通过一定的技术措施与特定的设施相结合来阻断疫病的空气传播和接触传播渠道，并且有效地减弱舍内环境因子对肉牛个体造成的不良影响，以获得最高的肥育效果和最好的经济效益。

一、牛的气候生理及其对牛舍的要求

牛的散热机能不发达，是较为耐寒而不耐热的动物。根据牛的气候生理特性，虽然在无风雪侵袭的低温情况下，在牛舍结构简单、成本低廉的开放式牛舍中饲养肉牛，一般是不会影响牛的健康，但会增加饲料消耗，降低日增重。而夏季高温对牛的影响要远远大于低温的作用，太阳辐射和高温可使牛处于“过热”状态而产生“热应激”，严重影响肉牛的健康和增重，所以通风和遮阳便成为肉牛防热的重要措施。有效的畜舍要在防暑降温和防寒保暖，以及排水上做到有效。

二、牛舍的防暑降温

对牛舍的防暑降温，可采取以下措施：

1. 搭凉棚　这是一种夏季简便易行的防暑方法，对于母牛，大部分时间是在运动场上运动和休息；而对于育肥牛，原则是尽量减少其活动时间，促使其增重。搭凉棚一般可减少30%～50%的太阳辐射热。有资料记载，凉棚可使动物体表辐射热负荷从769 W/m^{2}减弱到526 W/m^2，相应使平均辐射温度从67.2℃降低到36.7℃。凉棚一般要求东西走向，东西两端应比棚长各长出3～4 m，南北两侧应比棚宽出1～1.5 m。凉棚的高度约为3.5 m，潮湿多雨的地区可低些，干燥地区则要求高一些。目前市场上出售的一种不同透光度的遮阳膜，作为运动场凉棚的棚顶材料，较经济实惠，可根据情况选用。

2. 设计隔热的屋顶，加强通风　为了减少屋顶向舍内的传热，在夏季炎热而冬季不冷的地区，可以采用通风的屋顶，其隔热效果很好。通风屋顶是将屋顶做成两层，层间内的空气可以流动，进风口在夏季宜正对主风。由于通风屋顶减少了传入舍内的热量，降低了屋顶内表面温度，所以，可以获得很好的隔热防暑效果。在寒冷地区，则不宜设通风屋顶，这是因为在冬季这种屋顶会促进屋顶散热。墙壁具有一定厚度，采用开放式或凉棚式牛舍。另外，牛舍场址应选在开阔、通风良好的地方，位于夏季主风口，各牛舍间应有足够距离以利通风。

牛舍还可设地脚窗，屋顶设天窗、通风管等方法来加强通风。在舍外有风时，地脚窗可加强对流通风、形成“穿堂风”和“扫地风”，可对牛起到有效的防暑作用。为了适应季节和气候的不同，在屋顶风管中应设翻板调节阀，可调节其开启大小或完全关闭，而地脚窗则应做成保温窗，在寒冷季节时可以把它关闭。此外，必要时还可以在屋顶风管中或山墙上加设风机排风，可使空气流通加快，带走热量。

牛舍通风不但可以改善牛舍的小气候，而且还有排除牛舍中水汽、降低牛舍中的空气湿度、排除牛舍空气中的尘埃、降低微生物和有害气体含量等作用。

3. 遮阳 一切可以遮挡太阳辐射的设施和措施，统称为“遮阳”。强烈的太阳辐射是造成牛舍夏季过热的重要原因。一般“遮阳”，在不同方向减少传入舍内的热量可达17%～35%。

牛舍的“遮阳”，可采用水平或垂直的遮阳板，或采用简易活动的遮阳设施：如遮阳棚、竹帘或苇帘等。同时，也可栽种植物进行绿化遮阳。牛舍的遮阳应注意以下几点：①牛舍朝向对防止夏季太阳辐射有很大作用，为了防止太阳辐射热侵入舍内，牛舍的朝向应以长轴东西向配置为宜；②要避免牛舍窗户面积过大；③可采用加宽挑檐、挂竹帘、搭凉棚以及植树等遮阳措施来达到遮阳的目的。

三、牛舍的防寒保暖

我国北方地区冬季气候寒冷，应通过对牛舍的外围结构合理设计，解决防寒保暖问题。牛舍失热最多的是屋顶、天棚、墙壁、地面。

屋顶和天棚的面积大，热空气上升，热能易通过天棚、屋顶散失。因此，要求屋顶、天棚结构严密，不透气，天棚铺设保温层、锯木灰等，也可采用隔热性能好的合成材料，如聚氨酯板、玻璃棉等。天气寒冷地区可降低牛舍净高，采用的高度通常为2～2.4 m。墙壁要求墙体隔热、防潮，寒冷地区选择导热系数较小的材料，如选用空心砖、铝箔波形纸板等作墙体。牛舍朝向上，长轴呈东西方向配置，北墙不设门，墙上设双层窗，冬季加塑料薄膜、草帘等。牛舍地面是牛活动直接接触的场所，地面冷热情况直接影响牛体。石板、水泥地面坚固耐用、防水，但冷、硬，寒冷地区作牛床时应铺垫草、厩草、木板。规模化养牛场可采用三层地面，首先将地面自然土层夯实，上面铺混凝土，最上层再铺空心砖，既防潮，又保温。

四、牛舍的防潮排水

牛每天排出大量粪、尿，冲洗牛舍产生大量的污水，因此应合理设置牛舍排水系统，及时清理污物、污水，有助于防止舍内潮湿，保持空气新鲜。地面、墙体防潮性能好，可有效地防止地下水和牛舍四周水的渗透。

1. 排尿沟　为了及时将尿和污水排出牛舍，应在牛床后设置排尿沟。排尿沟向出口方向呈1%～1.5%的坡度，保证尿和污水顺利排走。

2. 漏缝地板清粪、尿系统　规模化养牛场的排污系统采用漏缝地板，地板下设粪尿沟。漏缝地板采用混凝土较好，耐用，清洗和消毒方便。牛排出的粪尿落入粪尿沟，残留在地板上的牛粪用水冲洗，可提高劳动效率，降低工人劳动强度。定期清除粪尿，可采用机械刮板或水冲洗。

五、牛场的绿化

牛场的绿化，不仅可以改善场区小气候，净化空气，美化环境，而且还可起到防疫和防火等良好作用。因此，绿化也应进行统一的规划和布局。当然牛场的绿化也必须根据当地的自然条件，因地制宜，如在寒冷干旱地区，应根据主风向和风沙的大小确定牛场防护林的宽度、密度和位置，并选择适应当地条件的耐寒抗旱树种。

在牛场场界周边可设置场界林带，种植乔木和灌木的混合林带（如属于乔木的各种杨树、旱柳、榆树等，灌木有河柳、紫穗槐等），尤其是场界的北、西侧，为起到防风固沙作用，该林带应加宽（宽10 m以上，至少种树5行）。为分隔场内各区及防火，可设置场区隔林带，如生产区、住宅区和行政管理区等都可用林带隔离，树种以北京杨、柳、榆树等为宜。

在场内外的道路两旁，绿化时一般种树1～2行，常用树冠整齐的乔木或亚乔木（如槐树、杏树等）。树种的高矮应根据道路的宽窄来选择。靠近建筑物时，种植的树木应以不影响采光为原则。另外在道路两旁的树下还可设置花池，种植花草、四季青等，可以美化环境。在运动场的南侧及西侧，可设置1～2行遮阳林，一般选用枝叶开阔、生长势强、落叶后枝条稀少的树种，如各种杨、槐和枫树等。有时为了兼顾遮阳、观赏及经济价值，在运动场内种植枝条开阔的果树类，但应注意采取保护措施，防止牛只啃咬毁坏树木。

六、牛场废弃物无害化处理

牛场每天产生大量的牛粪尿，如不及时处理，产生的异味对牛场的环境造成不利影响。对牛粪尿的处理可采用以下方法：

1. 生粪尿　一是用撒肥车将粪尿喷洒于田间，数日后用犁耙使之与土壤混合；二是挖宽 40～50 cm、深 20～35 cm 的沟，将粪尿流放到沟内，盖土，数日后用犁耙起。

2. 干粪的处理方法　可以利用温室，选择靠近牛舍、向阳、通风良好的场所。地面以土床为宜，如用混凝土床则便于翻晒与清扫。把牛舍中的粪便放在温室内摊开，厚度为 5 cm 左右为宜，过厚会推迟干燥。加速干燥，要打开温室两侧的风挡加强通风。但在风雨日或夜间要关好风挡。干粪的水分以 60%～65%为宜，这原是厩肥发酵的结果，夏季 5 d，雨季 12 d。为了加快干燥，可以搅拌。把自动搅拌机置于温室中即可。不过用机械搅拌，像稻草或刨花之类的垫料容易卷在轴上，不太方便。当粪与尿混合时，水分在 90%左右，因为过稀需加些锯末，以使水分下降到 85%以下。

3. 牛粪的生物处理　借助于动物性有机肥料施用少量的化肥可恢复土壤的最初肥力。生物腐殖质对土壤肥力有特别重要的作用，其品质显著高于粪和其他堆肥。蚯蚓以牛粪为原料生产的腐殖质还有其他优势：具有生物学活性，含微生物，调节植物生长的激素（生长素、赤霉素），重要的酶——磷酸酶和过氧化氢酶相当多；蚯蚓的生命活动可减少沙门氏菌和其他病原菌数；产品中的有机物质具有较大稳定性；植物生长所必需的元素，如常量、微量元素在生物腐殖质中以易吸收形式存在；产品 pH 呈中性，但在土壤酸化情况下 pH 可下降，所需环境反应的施用量较大或在增施石灰条件下可恢复，增加效应期。

据报道，施用生物腐殖质可使冬小麦增产 15%～25%，玉米增产 30%～50%，马铃薯增产 40%～70%。

牛粪发酵 60 d，含水分 70%，pH 6.5～7.5，物理状况通风，多孔。温度保持在 4～28℃。加入大平 2 号蚯蚓，12 亿蚯蚓每日生产 3 t 左右腐殖质。1 t 牛粪生产 300 kg 腐殖质。经验表明，生物腐殖质的施肥量应占有机肥的 1/5～1/4。

另外，还可用牛粪生产沼气发电。牛粪可作为原料生产沼气，从而节省能源。虽然这需要较多的设备投资，但对牛粪的无害化处理具有重要意义，且可带来良好的经济效益和生态效益。

第十章
开发利用与品牌建设

第一节 品种资源开发利用现状

在中国草原红牛品种验收之后，吉林、河北、辽宁以及内蒙古四省区均对其群体进行了不同程度的选育提高和产品开发。吉林省对中国草原红牛品种资源保护开发更为重视。通榆县人民政府始终将中国草原红牛（吉林系）的开发利用与发展作为发展地方畜牧业经济的首要问题，委派相关部门组织专业团队对于中国草原红牛吉林系的发展展开深入的开发与研究，大力推进中国草原红牛种牛与冷冻精液扩繁工作，组织开发中国草原红牛系列产品研发以及市场开发工作。通过各个部门的配合与努力，中国草原红牛于2000年获得国家绿色食品认证中心认证为绿色食品；2001年，中国草原红牛获得长春国际农业博览会金奖。

2002年，由通榆县人民政府组织技术团队，协调吉林省质量技术监督局成功地完成了中国草原红牛系列标准的编制与发布。这些标准分别是《中国草原红牛》(DB 22/T 958—2002)、《中国草原红牛卫生防疫技术规范》(DB 22/T 959—2002)、《中国草原红牛饲养管理技术规范》(DB 22/T 960—2002)、《中国草原红牛育肥技术规程》(DB 22/T 961—2002)。2003年，通榆县所有乡镇场被国家质量监督检验检疫总局批准为国家级标准化示范区，对于中国草原红牛系列标准的宣贯起到了积极的推动作用。

2011年，吉林维多利农牧业有限公司与其他相关业务部门积极推进，通榆县质量技术监督局协调沟通，成功地将中国草原红牛系列标准进行了修订并颁布实施，这些标准分别是《中国草原红牛》(DB 22/T 958—2011)、《中国草原红牛卫生防疫技术规范》（DB 22/T 959—2011）、《中国草原红牛饲养管理技术规范》（DB 22/T 960—2011）、《中国草原红牛育肥技术规程》（DB 22/T 961—2011）。2012年编制了《地理标志产品　通榆中国草原红牛肉》（DB 22/T 1599—2012），并由吉林省质量技术监督局颁布实施。2013年，通过了国家质量监督检验检疫总局组织专家团队审核，成功地将中国草原红牛肉系列产品认证为地理标志保护产品（国家质量监督检验检疫总局公告2013年第82号），并核准在保护区内使用地理标志产品专用标志的企业分别是吉林维多利农牧业有限公司、通榆县天牧畜禽养殖有限公司和通榆县镰西红牛养殖场等三家企业，通过实施地理标志产品，使得中国草原红牛肉的市场信誉以及知名度显著提升，与此同时，带动通榆县中国草原红牛养殖户养殖中国草原红牛的积极性快速提高，养殖的经济效益稳步提高。

随着地理标志保护产品——通榆中国草原红牛肉逐步进入市场，已经形成了供不应求的卖方市场现状。据不完全统计，准许使用地理标志产品标志的三家企业都处于产品市场畅销态势，所有消费者的信息反馈表明，市场信誉良好。

目前，吉林维多利农牧业有限公司已经开发出具有独特优势的地理标志保护的通榆中国草原红牛肉系列产品57个。该公司具有自主知识产权。

第二节　主要产品加工工艺及营销

草原红牛育成后，吉林省白城地区尤其是通榆县对其流通工作很重视，采取以销定产、以销促产的“反弹琵琶”的做法，旨在努力形成产、供、销一条龙的格局。于维等通过对草原红牛流通情况的调查，发现了流通领域的情况和问题，摸索和理顺流通渠道，为草原红牛品种资源综合利用开辟道路。

一、草原红牛的流通

（一）种牛销售推广

在吉林省草原红牛育种区内，以通榆县三家子种牛繁育场为核心，组织草原红牛种牛的销售与推广。为了充分发挥种公牛的作用，三家子种牛繁育场规定：第一，当地养殖户购买草原红牛种公牛时，价格要低于市场价格。第二，当地养殖户如果想淘汰已经使用一段时间的种公牛，可以将购买的种公牛与三家子种牛繁育场兑换新的种公牛。这些措施在草原红牛种群推广中起到了重要作用。在育种区推广的同时，吉林省也大力向省外养殖户宣传草原红牛品种的优点；不经过经纪人，直接与省外养殖场联系，有效降低销售价格。不断地将种牛推广至河北、甘肃、山东、江西、湖南、河南、广东、贵州、内蒙古、湖北、辽宁、安徽、黑龙江等省区。

（二）牛奶的流通

1. 草原红牛牛奶的流通情况　草原红牛不仅肉用性能良好，而且在较粗放的饲养条件下，还有较好的产奶能力。其成年母牛 210 d 平均产量为 1 662 kg，最高个体产奶量可达 3 445 kg（品种验收时的数据）。在当时，草原红牛已经成为通榆县乳制品厂鲜奶的主要来源。但在通榆县内有些乡镇饲养草原红牛，由于道路差，运送困难，而不能挤奶出售。现在只有铁路和公路沿线的乡镇及畜牧场进行挤奶，其流通途径如下。

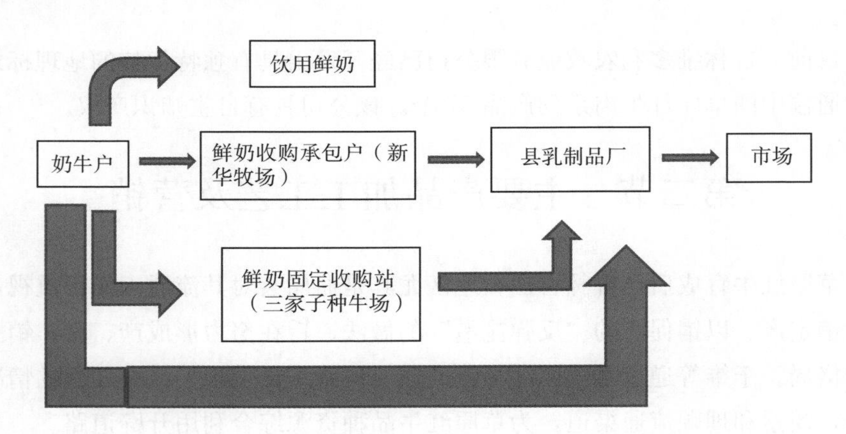

受饲养管理方式影响，三家子种牛场只是在 4 月中旬至 10 月中旬集中收送，冬天停止挤奶。新华牧场是常年收送。另外，良井子畜牧场和包拉温都乡各有一个小型奶粉厂，可解决鲜奶销路。

2. 对今后牛奶流通的建议　通榆县乳制品厂的“红牛牌”奶粉 1987 年荣获轻工部优质产品奖，1988 年在全国商品展销博览会上又获得国家银牌奖。在当时，该厂日处理鲜奶 20 t，而现在提供的鲜奶量只是加工能力的 50%，生产潜力很大。而且产品供不应求，相当畅销。

因此，乳品厂应在养牛集中的适当位置，设置鲜奶收购站。并实行以奶换料优惠政策，调动养牛户挤奶卖奶的积极性，扶持养牛户的发展。同时也要组织专门的技术指导组，深入养牛户，开展全程服务，形成以销促产、以产兴销的良性循环。这样不仅养牛户得到了好处，乳品厂也得到了更多的鲜奶，取得更高的经济效益。

（三）牛皮的流通

1. 牛皮流通现状　对草原红牛来说，不仅是牛肉和牛奶，牛皮也是主要产品之一，通榆县每年可产牛皮 1.0 万张，产值约百万元，因此不宜忽视，必须抓好牛皮的产销流通环节。当前的流通形式如下。

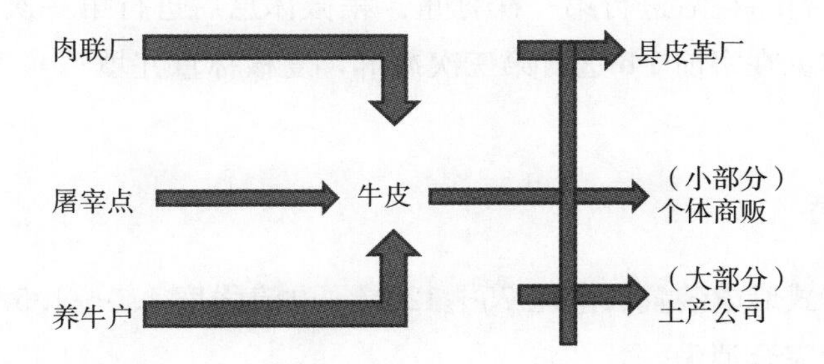

值得说明的是，大部分牛皮被个体商贩收购后，销往外地，并基本垄断了牛皮的收购，因而流通情况很不稳定。

2. 对今后牛皮流通建议

（1）应在现有的基础上加强县皮革厂的建设，增加生产量，避免资源外流。

（2）充分发挥县土产公司皮张收购部的作用，加强管理和组织收购工作，吸取小商贩灵活机动的做法，深入农村畜户，服务上门，让利于民，适当提高价格。真正把牛皮的流通管起来，让养牛户有一个信任感和安全感，达到利国利民的目的。

随着通榆县养牛业的发展，有关部门已认识到了产品产销流通这一问题，草原红牛的产品流通渠道正逐渐形成，并不断完善，这将对养牛业的发展起到一定的促进作用。

二、草原红牛屠宰工艺流程

吉林维多利农牧业有限公司，制定了中国草原红牛屠宰分割标准。通过对牛屠宰加工主要工艺流程规范，提高了牛肉的加工质量。主要屠宰加工流程如下：

检疫→称重→致昏→屠宰→剥皮→去内脏→劈半→检查→包装。

(一) 活牛检疫

持有动物检疫合格证明的肉牛入场后须经过兽医人员逐头检疫，合格后进入待宰场。送宰前断食休息 12～24 h，充分饮水至宰前 3 h。加工用水符合 GB5749 的规定。

(二) 称重

肉牛进入待宰栏后进行第一次称重。稍微休息后进行第一次冲淋，3 h 进行第二次冲淋。在宰前 1 h 进行第三次冲淋，复核称重并填写《牛体冲淋复核称重记录》。

(三) 致昏

采用手持式麻电装置（电压 75～120V，电流强度 1.0～1.5A）电击牛头部，致使意识完全消失。

(四) 屠宰

通过传送带吊起昏迷的肉牛，用三管（血管、食管、气管）切断法时，刺杀放血。每屠宰一头牛后，对刀具及磨刀棍用 82 ℃水浸泡消毒一次，时间不少于 30 s。屠宰后的屠体，用索链套住牛的左后腿，索链另一端挂钩挂在提升机上。启动提升机将索链滑钩提升到沥血轨道上。屠体在沥血轨道上进行充分沥血。

(五) 剥皮

用屠宰刀在屠宰刀口处沿颈底部中线划开颈部皮，然后向左右两侧剥皮，再将气管、食管及周围的结缔组织分开，使气管与食管分离。胶圈套在食管结扎器上，将食管伸入食管结扎器，将结扎胶圈套在食管根部上。每操作一次，用 82 ℃水浸洗食管结扎器、刀具，操作者的手用 42 ℃温水清洗，时间不少于 5 s，用 42 ℃温水对围裙及套袖进行冲洗，洗净血迹。

用屠宰刀从屠宰刀口处沿下颌中线挑开至下颌唇根部，将牛的下颌皮及头部两侧面皮横向剥至头部侧面中线及牛角根为止，沿牛唇周围横切一周。去牛耳、牛角、前蹄、后蹄、尾毛、生殖器。沿牛尾近臀部一面中线，将皮挑开与腿部预剥皮线相交，然后剥开腿的后侧皮，顺势向下剥至臀部尾根处，腹部外侧面肌肉（腹外斜肌）的上部分露出5～10 cm，尾根正下方剥离5～10 cm。左手套上结扎塑料袋，用食指、中指伸入肛门撮住，右手握刀在肛门四周划开与之相连结的组织，使直肠脱离屠体，然后用塑料袋将肛门套住，放入腹腔。每操作一次，应对屠宰刀用82 ℃水消毒，用42 ℃水洗手，时间不少于5 s。

腹、胸左侧预剥皮　先用屠宰刀沿胸腹部中线划开胸腹皮，再用剥皮刀将左侧胸腹部皮剥开，剥至距胸腹中线30～40 cm处。用剥皮刀将右侧胸腹部皮剥开，剥至距胸腹中线30～40 cm处，同时用刀将胸部肌肉从中线划开。操作时按照由上至下、由外向里的顺序进行；使剥后的胴体无可视污物；肩部外侧肌肉（三角肌）要露出5～10 cm，防止剥皮机将此块肌肉拉下。在操作过程中不许擦洗或用水冲洗胴体，同时保证牛皮边剥边脱落，把握牛皮的手操作时不要触及胴体；屠宰刀用82 ℃水消毒，用42 ℃水洗手消毒，时间不少于5 s。

握正锯身，对准胸骨中线后，从胸部刀口处进锯，平稳劈开胸骨，再用刀将颈部肌肉顺中线割开。每操作一次，用82 ℃水对屠宰刀和胸骨锯消毒，用42 ℃水洗手消毒，时间不少于5 s，对索链用82 ℃水消毒，时间不少于20 s。用链条圈套扣住后腿皮。开动剥皮机，通过机械转动和链条拉动进行剥皮，操作过程中做到皮不带脂肪和肉，肉不带皮，皮不能被拉破。剥下的牛皮放入牛皮滑道。每操作一次，用82 ℃水对屠宰刀和剥皮刀消毒，时间不少于5 s。

（六）去内脏

用刀沿屠宰刀口割断颈部肌肉和结缔组织，然后在下颌处用刀将肉戳孔后，左手指伸入孔内，将头提住，在牛头枕骨及寰椎之间下刀，割开肉及骨间韧带，将枕骨与寰椎划开使牛头脱离屠体。将牛头面部朝下、下颌朝上稳定住，并将牛舌正于中间，然后用刀贴下颌内侧左右各划一刀，再将连接部分划开，将舌拉出。舌面无刀伤，冲洗干净。用清水冲洗，冲净牛头口腔及鼻腔内黏膜污物及牛头表面的血污。将冲洗完的头挂在红脏及牛头输送线的钩子上（钩在下颌骨上），用刀刮净表面。

在胴体的肩部脂肪上和两侧刮净的牛舌上加盖流水号。

沿胸腹中线割开后部腹肌之后，反手握刀，手在腹腔内向下划开腹肌至胸口。左手拉住直肠头，向下拉开肠四周的系膜组织，使之割离腹腔。伸入腹腔肠胃两旁及后方，用刀割开相连组织，使胃连同脾脏与腹腔分离。掏内脏时不能使内容物外流，避免造成胴体污染。每操作一次，应用 82 ℃水对屠宰刀消毒，用 42 ℃水洗手，时间不少于 5 s。

用屠宰刀将食管从胃上割下。分离肠、胃时，首先用手挤压直肠与大肠（结肠）相连处的内容物，然后从此处割断，并取下膀胱；同样用手将皱胃与小肠相连处的内容物向两侧挤压，之后再用刀将此处割断。用手抓住小肠，用刀刮下小肠脂肪，取下小肠。用温水冲洗大肠断头表面的污物，之后用刀割下胰脏，用手扯下大肠外层脂肪，再将大肠上的淋巴结撕下，展开大肠，向大肠注水清洗，并割下盲肠。

依次取下皱胃、瓣胃，用刀从网胃经瘤胃一直到食管将网胃和瘤胃剥开，倒出内容物。

割开肝脏周围的结缔组织，注意不要弄破胆囊，取出肝脏。割开横膈肌，割开心肺周围的结缔组织，割开气管与颈肉连接的组织，将心、肺取出，将气管上端挂在红脏及牛头输送线的钩子上。红脏分类、取牛舌和喉骨。用屠宰刀从肝脏上将胆囊割下，割破胆囊将胆汁倒入容器中，胆皮放在另一容器中，将肝脏放在工作台上待修整。心管，摘下牛心放在容器中，割下肺部胸腺放在容器中，剥开脂肪将心管割下，放在容器中，用屠宰刀割断右支气管，在肺管与肺支气管的连接处将肺管与肺分离，并将肺管和小里脊摘下放在案板上或速冻盒内待修。屠宰刀将牛舌从舌根割断，割取过程中割除舌下脂肪，紧靠喉管用刀将喉管两侧肌肉划开，用手抓住喉管上端（会厌软骨），将紧贴喉管上端的肌肉用刀割断，然后一边转动喉管一边用刀修下喉管上的肌肉。

（七）劈半

胴体劈半采用自动劈半或人工劈半。当胴体运动到劈开机工作范围区内，系统自上而下进行自动劈半。或者采用电动劈开锯手动劈半，劈半过程中将锯与输送线同步移动，边移边劈，锯片应始终对正胴体背部脊柱中心线，避免出现劈半偏斜。将胸腺和脊髓全部取出，并取下颈部动脉管和可见淋巴组织。将检验合格的二分胴体的肾脏摘除。将盆腔及腰部脂肪一起取下。操作时不应损伤肾脏，保持脏器的完好，不要伤及里脊。保持盆腔脂肪的完整。用压力喷头对检验合格并初步修整之后的二分胴体冲刷，冲洗掉血污、碎骨、牛毛。冲洗由上向下，由胴体中部向左、右、里、外顺序冲洗。用屠宰刀将体腔内的碎脂肪、碎肉、横膈肌、动脉管割下，分别放入专用容器中。从劈开的脊柱中摘除脊髓。

当二分胴体运行至架空轨道秤上时，填写胴体称重记录。要求称重准确，流水号相符。二分胴体淋浴时，再次清除胴体表面可能存在的污物，冲完之后，胴体进入快速预冷间冷却。四分体带骨牛肉分割执行 GB/T 9960 标准。

（八）检查

对副产品的整个生产过程严格按照兽医卫生检验要求执行巡检、抽检，对生产的环境卫生和个人卫生进行监督、检查，杜绝不合格品入库。

（九）包装

按客户要求和厂家要求，分等级、部位包装。

三、产品分割与市场营销

产品开发必须依据市场需求，目前，吉林维多利农牧业有限公司开发的中国草原红牛牛肉产品仅限于胴体分割部分，产品销售以订单的形式为主，零售为辅。

（一）屠宰率的计算

屠宰率是产品胴体分割中重要的指标之一。在待宰牛进入屠宰加工车间时，对于每一头牛都进行一次宰前体重测量，作为宰前活重，当经过清洗修整过的胴体进入排酸间之前，再进行一次测重作为胴体重。计算胴体重占宰前活重的百分比即为屠宰率。即：

$$屠宰率=胴体重/宰前活重\times100\%$$

经过计算与统计，中国草原红牛育肥牛的屠宰率在50%～57%。

（二）胴体分割的产品

按照市场需求和市场上消费者的意愿，目前，牛胴体分割肉块名称以及分割办法如下。

1. 里脊（按品质分为 S，A，B 三个档次，下同） 商品名又称牛柳，解剖学名为腰大肌，从腰部内侧割下的带里脊头的完整净肉。

分割时，先剥去肾脂肪，再沿耻骨前下方把里脊剔出。然后由里脊头向里脊尾逐个剥离腰椎横突，取下完整的里脊。

2. 眼肉（A，B） 为背部肉的后半部，包括颈背棘肌、半棘肌和背最长肌，沿脊椎骨两侧 5～6 腰椎处切断，沿腰背侧肌下端割下的净肉。

分割时，先剥离腰椎，抽出筋腱，在眼肌腹侧距离为 6～8 cm 处切下。

3. 上脑（A，B） 为背部肉的前半部，主要包括背最长肌、斜方肌等。为沿脊椎骨背两侧 5～6 胸椎前部割下的净肉。

分割时，剥离胸核，去除筋腱，在眼肌腹侧距离为 6～8 cm 处切下。

4. 外脊（A，F，B） 商品名又称西冷或腰部肉。主要为背最长肌，从第 5～6 腰椎处切断，沿腰背侧肌下端割下的净肉。

分割时，沿最后腰椎切下，再沿眼肌腹侧壁离眼肌 5～8 cm 切下，在第 12～13 胸肋处切断腰椎，逐个剥离胸、腰椎。

5. 嫩肩肉 主要是三角肌。分割时，循眼肉横切面的前端继续向前分割，得一圆锥形肉块，即为嫩肩肉。

6. 臀肉 亦称臀部肉，主要包括半膜肌、内收肌和股薄肌等。

分割时，把大米龙、小米龙剥离后便可见到一块肉，沿其边缘分割即可得到臀肉。也可以沿着被切开的盆骨外缘剥离，再沿着本肉块边缘分割。

7. 膝圆肉 亦称和尚头、霖肉。主要为股四头肌，沿股四头肌与半腱肌连接处割下的股四头肌净肉。当大米龙、小米龙、臀肉取下后，见到一长方形肉块，沿此肉块周边的自然走向分割，即可得到一块完整的膝圆肉。

8. 胸肉 亦称胸部肉或牛胸，主要包括胸升肌和胸横肌，为从胸骨、剑状软骨处剥下的净肉。按消费需求可以分割出胸叉肉等产品。

分割时，在剑状软骨处随胸肉的自然走向剥离，修去部分脂肪即成一块完整的胸肉。

9. 肩部肉 主要包括冈上肌和冈下肌。分割时，从肩胛骨两侧割下的净肉。

10. 腱子肉　亦称牛展，主要是前肢肉和后肢肉，分前牛腱和后牛腱两部分。

分割时，前牛腱从尺骨端下刀，剥离骨头；后牛腱从胫骨上端下刀，剥离骨头取下。

11. 大米龙　主要是股二头肌。

分割时，剥离小米龙后，即可完全暴露大米龙，顺肉块自然走向剥离，便可得到一块完整的四方形肉块。

12. 小米龙　主要是半腱肌。分割时，取下牛后腱子，小米龙肉块处于明显位置，按自然走向剥离。

13. 脖肉　亦称颈部肉、脖领肉。从颈部两侧割下的净肉。分割时，沿最后一个颈椎骨切下，剥离颈椎。

14. 腰肉　主要包括臀中肌、臀深肌、股阔筋膜张肌。分割时，取出臀肉、大米龙、小米龙、膝圆肉后，剩下的一块肉便是腰肉。

15. 腹肉　亦称肋排、肋条肉，主要包括肋间内肌、肋间外肌等。按消费需求可以分割出肥牛（1、2、3、4 号）或腹肉条等商品。分割时，可以根据实际需要分为无骨肋排和带骨肋排，一般包括 4～7 根肋骨。

16. 牛腩　亦称腹部肉，从前部 13 肋骨断体处，沿股四头肌前缘割下的全部腹部净肉。按消费需求可以分割出胸腩连体等产品。牛腩又分为前牛腩和后牛腩两部分。分割时，沿眼肉分割线把胸肋锯断，由后向前至第 2～3 胸肋处，去掉肋骨、剑状软骨后便是前牛腩；从后躯肉分割出臀部肉（臀肉、大米龙、小米龙、膝圆肉、腰肉）和里脊、外脊后，剩下部分便是后牛腩。

17. 其他副产品　包括牛尾、牛鞭、牛宝、外脊筋、板筋、筋头、肉筋、牛小排、牛尾跟、窝骨、脊髓油、带骨脊骨、霸王鞭、筋膜、带肉脆骨、牛腩筋、分割肉和牛油等产品。

（三）营销方式

目前，公司设立中国草原红牛肉直营店，主要销售冷冻肉，以部位小块销售和综合部位混合包装箱结合的办法销售。

在营销宣传上，借助自行发放宣传单、媒体宣传等常规模式营销。

（四）新产品开发潜力预估

按照目前的状况，可以在牛屠宰下货开展产品研究开发，通过开发牛下货产品在直营店销售作为第一档次销售，随后，可以尝试开办中国草原红牛系列产品餐饮店的终端模式销售，最大化增加产品的附加值，扩大经营经济效益。与此同时，可以在国内的多个城市陆续开办中国草原红牛直营店，扩大产品影响力，宣传产品。

对于产品深加工方面，可以对于血、骨、皮张等副产品进行深度开发研究，生产生物制药产品或者功能保健品等新兴产业。在肠衣上可以开发火腿肠，用牛肉开发生产牛肉干以及其他系列深加工牛系列产品，增加养牛业的附加值，促进企业获得更大的经济效益。

第三节 品种资源开发利用前景与品牌建设

中国草原红牛是我国自主育成的第一个乳肉兼用牛。在中国草原红牛培育期间就已经吸引了众多国内外专家与学者参观考察调研，使得中国草原红牛的声望在国内外得到持续提升。

一、顺应行业发展需要，续写草原红牛新篇章

通榆中国草原红牛培育成功后，在多年的市场打拼中，既有辉煌的业绩，又有很艰辛的过程。在品种通过国家级验收并正式命名为中国草原红牛那一刻起，恰逢国家经济体制改革，集体所有的改革，使得原有的中国草原红牛存在形式发生了变化，由集体所有变为私有。特别是受国企改革、改制的影响，原来在国有牧场里的优秀群体——中国草原红牛一夜之间变成农牧民私有财产，多数养殖户开始抛售品质优良的中国草原红牛，使得中国草原红牛的群体数量曾一度出现了下降的趋势，群体质量也随之下滑。

为了全面恢复和促进通榆中国草原红牛按照产业化发展模式发展，通榆县政府首先通过行政干预手段优先发展中国草原红牛，并取得了一定的成效，有效地抑制了群体数量减少且提升了群体质量。吉林省农业科学院也积极投入技术力量与资金对于中国草原红牛群体实施质量提高的研究，先后获得了多项科

研成果，对于中国草原红牛群体数量保障以及群体质量提高起到了积极作用。通榆县政府以及业务部门对于中国草原红牛扩繁推广投入了大量人力、物力与财力，使得中国草原红牛多次被列入吉林省重点发展的地方优良品种计划，包括吉林省的“十一五”“十二五”以及“十三五”规划中，都把发展中国草原红牛作为畜牧业发展核心工作来抓，成为地方畜牧业经济的热点，为中国草原红牛稳步提升起到了积极的推动作用。

（一）以开发产品为导向，指导中国草原红牛育种方向的不断改进

在中国草原红牛培育进程中，始终以市场需求来不断改进育种方向和育种导向，终于在 1985 年获得了巨大成功，培育出具有自主知识产权的第一个培育品种——肉乳兼用型中国草原红牛。品种通过验收后，红牛培育者们继续关注着红牛的发展，马上依据市场的导向开展中国草原红牛导入丹麦红牛来提高产奶性能的研究工作，经过近十年的导血研究与扩群推广，使得中国草原红牛吉林系的产奶性能稳步提升了 31.86％，群体数量与质量稳步提高并组建了中国草原红牛吉林系奶用品系群，为当地养牛户创造了巨大的经济效益。随后，国家整体战略上主导发展肉牛产业并把中国草原红牛列为东北肉牛带优先发展的品种，吉林省的红牛育种专家又开始对中国草原红牛开展导入利木赞提高产肉性能的研究，又经过了十年努力，成功地培育出中国草原红牛吉林系肉用品系群。使得中国草原红牛的品种资源得到了完善和优化，品种基因库丰富而优良。

（二）以品种资源特性为基础，积极开发适销对路产品

在中国草原红牛的育种进程中，始终保持着其母系的特色，也就是蒙古牛的优良特性。首先，蒙古牛具有耐粗饲、适应性强以及具有特殊膻香味道的优良特性，是中国人乃至其他东方民族喜欢的口味。中国草原红牛在多年的培育中，始终保持着这个优良口味，使得该品种牛的牛肉在市场享受经久不衰的良好信誉。其次，中国草原红牛的母性中具有繁殖力高、适应性强的特性，在草原条件十分恶劣的环境下可以健康生长，又是备受养殖户欢迎的首选品种，所以，农牧民愿意饲养中国草原红牛。再次，中国草原红牛良好的生产性能备受农牧民喜爱。无论是在蒙古族聚集区，还是在其他地区，中国草原红牛的产奶性能与产肉性能都能够得到良好的发挥，都会表现出良好的生产性能，也都会

获得良好的经济效益，在实践中，通榆县以中国草原红牛鲜奶为原料生产的"红牛牌"奶粉畅销全国，并获得好评以及吉林维多利农牧业有限公司开发的地理标志产品——通榆中国草原红牛肉的消费者一致好评就是最好的验证。最后，开发研究高端产品具有良好的市场竞争力。在中国草原红牛肉品开发中，早在20世纪80年代，中国草原红牛活牛出口就获得了良好的口碑和赞赏。在新近开发的中国草原红牛肉系列产品进入市场后，市场信誉和好评始终居高不下，具有较强的市场竞争力。所以，中国草原红牛的优秀遗传基础是打造品牌优势的核心动力，要做好这个品牌，核心已经具备，前景就会看好。

（三）利用好品种资源优势，打造具有民族特色品牌

为了促进中国草原红牛产业化发展并推动通榆县畜牧业经济快速发展，在2006年，通榆县通过招商引资的方式吸引经营团队进驻通榆县开展饲养中国草原红牛与产品开发工作，随后，于2011年在通榆县成立了吉林维多利农牧业有限公司，组织技术团队专门研究中国草原红牛产业化发展。在维多利公司的不懈努力下，中国草原红牛在通榆县的群体数量得到了迅速发展，该公司已成为全国最大的中国草原红牛养殖的标准示范场与扩繁基地，借助通榆中国草原红牛既有的品牌优势延伸发展，陆续建设了通榆县维通红牛养殖专业合作社、中国草原红牛种牛繁育场并组建了核心群。随着核心群的逐步发展以及群体数量与群体质量的不断提高，维多利公司组织申报种畜场认证并获得了农业部颁发的种畜禽生产经营许可证，随后陆续建设中国草原红牛育肥牛示范场，并开展了生产通榆中国草原红牛肉的销售业务，成立了地理标志产品——通榆中国草原红牛肉直营店等营销组织，形成了中国草原红牛产业化的雏形。

在维多利公司的带动下，通榆县中国草原红牛发展出现了新的气象，群体数量与群体质量都有显著提高，广大农牧民对于养殖中国草原红牛的热情空前高涨，积极投入发展中国草原红牛的行列里，成为通榆县扶贫攻坚的核心项目，对于通榆县提前实现脱贫致富目标起到了积极的推动作用。

一是中国草原红牛产业化的市场前景与经济效益看好。由于有了这一系列的基础设施和技术力量保障，中国草原红牛前期所打造的品牌效应，中国草原红牛肉在市场上具有良好的市场信誉与反响，尤其是申报了地理标志产品以后，中国草原红牛肉在国内外的市场影响更加深远。维多利公司通过开发地理

标志产品并投入市场以来，从营销队伍业绩和专营店试营业的市场效果和饲养中国草原红牛育肥牛并自行屠宰加工销售的经济效益比较，开发中国草原红牛肉以及系列产品的经济收益前景看好。经测算，中国草原红牛育肥牛的成本与收益如下：购牛成本、饲养成本（按照饲养育肥期 12～18 个月估算）与委托屠宰加工成本合计为 22 000 元，可以生产出成品肉 260 kg，按照平均每千克 140 元计算，销售收入 36 400 元，1 头牛可以获利 14 400 元。如果建设屠宰厂自己加工，可以降低屠宰成本 50%以上，收益会进一步增加。饲养中国草原红牛基础母牛成本如下：按照常规饲养方式计算，每头基础母牛平均收益 3 000～5 000 元。如果进一步强化饲养管理和提高科学化管理程度，收益将在 7 000 元以上。

二是从现代农业发展的指导方针和政策支持层面上，国家在养殖业，特别是养牛业给予了政策的倾斜与支持，出台了基础母牛补贴、草原建设保护补贴、发展牧业的信贷支持和财政贴息扶持等大量优惠扶持政策，再加上通榆县对于中国草原红牛产业化建设所采取的一系列强有力措施，将其纳入扶贫攻坚规划的规定项目强化保障中，这都有利于助推中国草原红牛产业化发展。对于打造具有民族品牌优势的地方特色品牌具有积极的推动作用。利用好当前的政策优势，打造民族品牌的前景十分看好。

三是维多利公司开发的地理标志产品——通榆中国草原红牛肉就是在原生态的草原上以传统饲养方式进行育肥，再以穆斯林特色屠宰方式生产的优质产品，属于绿色食品并被评为无公害农产品，这种具有原生态的农产品在现在市场上备受欢迎。所以，维多利公司所生产的产品质量优良，风味独特，在产品开发出来后，陆续投入市场，在打造市场过程中，受到广大消费者的一致好评。

四是通过开办中国草原红牛直营店以及专营中国草原红牛产品的餐饮店，树立中国草原红牛品牌形象，为中国草原红牛系列产品打开更大的市场做好扎扎实实的基础工作。以通榆县为核心，逐步扩大中国草原红牛直营店开办家数以及试点开发餐饮店，直接以品尝式消费来开辟中国草原红牛系列产品的市场规模，使得中国草原红牛产业化及系列化逐步完善。

五是利用国家产业政策支持，牧业贷款专项资金以及通榆县精准扶贫政策资金的注入来扩大中国草原红牛基础母牛群体，进一步强化扩大公司加农户的发展模式，用中国草原红牛产业化发展带动通榆县农牧民致富奔小康。

六是开发市场研究与技术研发团队建设。让通榆中国草原红牛肉品牌走出通榆，走出国门，走高端产品之路，需要更加强大的科技、管理以及市场研发团队的加入，利用科技创新促进品牌效能的释放，继续深入开发与中国草原红牛肉相关的系列产品，开辟更加广阔的市场。

七是对企业文化进行全方位打造，进军国际市场。

对于企业来说，营造一个良好的营商环境和创造良好的企业文化对于企业发展和可持续性发展具有十分重要的意义。为了促进中国草原红牛产业化生产快速被社会认可并打造出世界级品牌，公司需要在品牌建设、企业文化以及良好企业标准化建设上下功夫，创建具有独特产品优势和独有产品营销模式的新型文化。主要是在产品 LOGO、企业经营理念、产品生产标准制定与执行、企业管理模式以及企业产品开发宣传等多领域开展长远性开发与打造，使得中国草原红牛的产业化发展形成集团优势和民族品牌，通过企业多方位经营管理和品牌打造，促进企业在逐渐的发展进程中获得更大的经济效益。在后续的企业发展中，继续做好企业各项生产标准的制订与宣传，促进企业按照世界先进的标准执行生产各个环节，通过严格的企业质量管理，使得企业生产全部按照标准化生产，争创良好企业标准化体系，最终打造标准化良好行为企业，为进入国际市场奠定基础。

八是利用好宣传媒介，做好宣传，促进广大消费者认可产品，促进增加效益。在产品生产环节把握的质量十分良好的前提下，为促进产品知名度的提高，公司要对于产品实施必要的包装，在产品包装设计、品牌打造、安全等软件建设上做好文章，促进企业所有产品在市场上具有良好形象，有利于扩大影响，促进市场开拓与开发。

二、组建规模化企业，带动产业发展

通榆县政府通过招商引资的方式于 2006 年就吸引山东维多利现代农业发展有限公司进驻通榆县，并于 2011 年在通榆县成立了吉林维多利农牧业有限公司，组织开发中国草原红牛产业化发展。在维多利公司的不懈努力下，其群体数量得到了迅速发展，已成为全国最大的标准示范场与扩繁基地，借助通榆中国草原红牛既有的品牌优势延伸发展，陆续建设了通榆县维通红牛养殖专业合作社、中国草原红牛种牛繁育场并组建了核心群，目前专业合作社与全县的 56 个基础合作社联社建立了中国草原红牛饲养管理合作体系和供应关系，2 562 户农牧民的 29 686 头红牛入社。随着核心群的逐步发展，群体数量与群体质量的不断提高，维多利公司组织申报种畜场认证并获得了农业部颁发的《种畜禽生产经营许可证》，随后陆续建设中国草原红牛育肥牛示范场进行育肥牛并开展了生产通榆中国草原红牛肉的销售业务，成立了地理标志产品——通榆中国草原红牛肉直营店等营销组织，形成了中国草原红牛产业化的雏形。在维多利公司的带动下，通榆县中国草原红牛发展出现了新的气象，群体数量与群体质量都有显著提高，广大农牧民对于养殖中国草原红牛的热情空前高涨，积极投入发展中国草原红牛的行列里，成为通榆县扶贫攻坚的核心项目，对于通榆县提前实现脱贫致富目标起到了积极的推动作用。

吉林维多利农牧业有限公司成立以后，广泛吸纳熟悉中国草原红牛科研生产的精英 18 人组成了维多利公司技术团队，通榆县委、县政府将中国草原红牛扩繁推广和产业化发展的重任给予了这个团队。为了加强团队技术力量，维多利公司聘请国家肉牛牦牛产业技术体系、吉林省农业科学院、吉林大学畜牧兽医学院等科研单位以及院校作为公司技术支撑，对中国草原红牛进行了深层次的种群扩繁与推广的研究，取得了重大进展。

该公司主持起草的《地理标志产品——通榆中国草原红牛肉》（DB 22/T 1599—2012）于 2013 年 1 月 1 日颁布实施。之后，由通榆县政府申报的地理标志产品——通榆中国草原红牛肉获得了国家质量监督检验检疫总局认证为地理标志保护产品；2013 年，以维多利公司为代表的三家企业获得了使用地理标志保护产品专用标志的使用权；2014 年，维多利公司被评为吉林省十佳诚信企业，同时获得 AAA 级信用企业；2015 年，维多利公司获得使用地理标识保护产品专用标志优秀企业；2015 年，维多利公司获得吉林省农业产业化重点龙头企业称号；在 2015 年国家标准委员会组织编制的《全国农业标准化示范区 20 周年成果展示》手册里，该项成果榜上有名。上述标准的颁布实施与宣传贯彻，全面科学地规范了中国草原红牛从繁育管理到生产等各个环节的行为，极大地提高了中国草原红牛产业化生产水平，使得通榆县广大农牧民饲养中国草原红牛的水平明显提高。

在维多利公司的不懈努力下，中国草原红牛这一由中国创造的民族品牌得到了保护和发展，其开发的高端牛肉品牌“通榆中国草原红牛肉”及其系列产品已经成为具有自主知识产权的民族品牌，对于拯救保护、发展提升这一品牌，维多利公司功不可没。

总之，中国草原红牛产业化发展的前景十分看好，只要按照市场发展的规律办事，踏踏实实做事，一定会把中国草原红牛系列产品以及市场做大、做强，使得中国草原红牛这一中国创造的民族品牌焕发出勃勃生机，也必将被打造成为民族瑰宝。

参 考 文 献

安忠柱，2008. 草原红牛肉用性状种质特性研究［D］. 长春：吉林大学.

班志彬，2013. 纤维素酶与活性干酵母对草原红牛消化代谢、能量代谢及甲烷排放影响［D］. 长春：吉林农业大学.

班志彬，张国梁，杨华明，等，2013. 活性干酵母和纤维素酶对草原红牛瘤胃挥发性脂肪酸浓度及甲烷排放的影响［J］. 中国畜牧兽医，40（02）：57－61.

包海虎，盖文俊，胡春喜，等，2009. 关于通榆中国草原红牛的保护与发展的思考［J］. 吉林畜牧兽医，30（08）：4－5.

曹阳，牛春华，张国梁，等，2009. 草原红牛 *CAPN*1 基因第 5 外显子多态性与肉质性状的相关研究［J］. 吉林畜牧兽医，30（09）：8－9.

曹阳，张国梁，吴健，等，2009. 草原红牛微卫星标记与部分生产性能的相关研究［J］. 吉林畜牧兽医，30（11）：9－11.

陈宏，张春雷，2009. 中国肉牛分子育种研究进展［J］. 畜牧市场（04）：12－15.

陈源，1984. 草原红牛泌乳性能及其有关性状的研究［J］. 吉林农业科学（04）：70－82.

盖文俊，盖中民，周彦春，等，2012. 中国草原红牛吉林系来源概述与发展展望［J］. 吉林畜牧兽医，33（12）：54－55.

郭将，马双羽，申瑞雪，等，2012. 草原红牛二酰甘油酰基转移酶 2（*DGAT*2）基因的多态性及与泌乳性状关联性分析［J］. 中国兽医学报，32（09）：1305－1308.

郭艳荣，2012. 草原红牛生长及绝食代谢研究［D］. 长春：吉林农业大学.

郭艳荣，杨华明，张国梁，等，2012. 草原红牛（母）的呼吸产热气体代谢特点的研究［J］. 安徽农业科学，40（10）：5958－5961.

国家畜禽遗传资源委员会，2011，中国畜禽遗传资源志牛志［M］. 北京：中国农业出版社.

胡成华，2007. 草原红牛导入利木赞血的研究［C］. 中国畜牧业协会. 第二届中国牛业发展大会论文集. 中国畜牧业协会：中国畜牧业协会，238－242.

胡成华，刘基伟，曹阳，等，2011. 利草 F_1 体尺性状与肉用性状表型相关分析［J］. 黑龙江畜牧兽医（20）：70－71.

胡成华，王成，刘基伟，等，2010. 草原红牛养殖技术［J］. 现代农业科技（05）：299－303.

胡成华，于洪春，1999. 草原红牛与利木赞杂交后增重效果的观察 [J]. 黄牛杂志（01）：35-36.

胡成华，张国梁，1999. 吉林省肉牛品种选择与开发利用初探 [J]. 吉林农业科学（03）：40-45.

胡成华，张国梁，2009. 高抗优质乳肉兼用吉林系中国草原红牛 [J]. 农村百事通（07）：38-39.

胡成华，张国梁，霍长宽，等，2008. 吉林系中国草原红牛 [J]. 中国畜禽种业（03）：30-31.

胡成华，张国梁，刘基伟，等，2012. 利草 F_1与草原红牛肉用性能比较试验研究 [J]. 畜牧与饲料科学，33（02）：1-3.

胡成华，张国梁，吴健，等，2009. 草原红牛泌乳与产肉性能选育研究 [J]. 现代农业科技（05）：210-211.

胡成华，张国梁，于洪春，等，2005. 草原红牛导入丹麦红牛血的研究 [J]. 吉林农业科学（02）：43-47.

胡成华，张国梁，赵玉民，等，2004. 草原红牛及其导入利木赞血牛产肉性能对比试验 [J]. 吉林农业科学（05）：39-42.

金海国，俞美子，2002. 草原红牛主要经济性状的遗传参数估计 [J]. 河北农业大学学报，25（03）：74-77.

李春良，于在海，1994. 草原红牛育肥效果综述 [J]. 农业与技术（05）：9-10.

李凤学，1998. 高寒草原不同季节对草原红牛群体发情频率及情期受胎率影响的研究 [J]. 家畜生态（01）：11-14.

李凤学，陈春芳，1998. 草原红牛乳脂率变化规律的研究 [J]. 中国奶牛（02）：51-52.

李鹏，2018. 草原红牛 ADPN 启动子的克隆 [J]. 当代畜牧（12）：28-29.

李向阳，王学理，霍晓伟，等，2015. 草原红牛及其杂种牛微卫星标记与生产性能 [J]. 吉林农业大学学报，37（06）：715-718.

李旭，张国梁，吴健，等，2009. 不同营养水平对草原红牛及其肉用群体肉用性能的影响 [J]. 安徽农业科学，37（35）：17511-17513.

李旭，张国梁，吴健，等，2010. 草原红牛及肉用群体饲料养分消化率和血液生化指标差异性研究 [J]. 吉林农业科学，35（04）：46-48.

李旭，张国梁，翟博，等，2014. 肉用草原红牛群体性能比较分析 [J]. 现代农业科技（22）：257-266.

梁菲菲，2010. 不同基因与草原红牛生产性能的相关分析 [J]. 畜牧与饲料科学，31（10）：101.

梁术奎，2010. 赤峰市中国草原红牛的保种与改良 [J]. 畜牧与饲料科学，31（04）：30-

31.

刘博洋，孟纪伦，邱峥艳，等，2011. 草原红牛 *CAPN*3 基因多态性及与胴体性状的关联分析 [J]. 华北农学报，26（02）：66-69.

刘桂珍，韩立国，刘志，等，2000. 丹麦红牛血液导入中国草原红牛产乳产肉性能试验 [J]. 甘肃畜牧兽医（05）：20-21.

刘基伟，李旭，张国梁，等，2019. 不同蛋白源对草原红牛育肥的影响研究 [J]. 吉林畜牧兽医，40（02）：11-12.

刘基伟，祁宏伟，2015. 中国草原红牛吉林系产业发展现状及建议 [J]. 当代畜牧（27）：26-28.

刘基伟，吴健，李旭，等，2017. 草原红牛犊牛断奶补饲及母牛后期发情效果研究 [J]. 当代畜牧（21）：27-28.

刘理想，高一，吕阳，等，2019. 草原红牛 *Acot*2 基因克隆及其在各组织中的表达差异研究 [J]. 中国畜牧兽医，46（11）：3154-3162.

吕阳，曹阳，高一，等，2019. 草原红牛 *ACSL*3 基因 CDS 区克隆、生物信息学分析及组织表达研究 [J]. 中国畜牧兽医，46（04）：957-966.

吕阳，曹阳，高一，等，2019. 草原红牛 *AIDA* 基因克隆、生物信息学分析及真核表达载体的构建 [J]. 中国畜牧兽医，46（08）：2193-2202.

吕阳，曹阳，高一，等，2019. 草原红牛 *FABP*7 基因克隆、生物信息学及组织表达差异分析 [J]. 中国畜牧杂志，55（09）：48-52.

潘英树，张永宏，高妍，等，2009. 草原红牛血液蛋白多态性及与生产性能相关性 [J]. 中国兽医学报，29（12）：1636-1639.

秦立红，2010. 草原红牛初生公牛与成年公牛背最长肌基因表达差异分析 [D]. 长春：吉林大学.

秦立红，刘伟英，曹阳，等，2011. 不同发育阶段草原红牛背最长肌 *FABP*4 基因表达水平研究 [J]. 中国畜牧杂志，47（01）：21-24.

秦立红，刘伟英，张丽颖，等，2010. 草原红牛不同组织雄激素受体基因表达量检测及比较研究 [J]. 中国兽医学报，30（04）：544-548.

秦立红，张国梁，吴健，等，2016. *BMP*2 和 *BMP*4 基因在草原红牛睾丸组织中的表达量分析 [J]. 中国兽医学报，36（04）：661-664.

秦立红，赵玉民，吴健，等，2012. 草原红牛 *CAPN*1 基因 mRNA 表达特性分析 [J]. 中国兽医学报，32（09）：1302-1304.

邱峥艳，孟纪伦，芦春艳，等，2011. 草原红牛与中国荷斯坦牛 *GHR* 基因多态性及与产奶性状相关性分析 [J]. 中国畜牧杂志，47（13）：18-20.

裘永良，1986. 吉林草原红牛荣获省特等奖 [J]. 吉林农业科学（04）：54.

沙尔夫，1978. 草原红牛二代横交固定后的效果观察［J］. 辽宁畜牧兽医（02）：9－13.

沙尔夫，曹尔光，谢玉强，等，1979. 草原红牛短期肥育试验报告［J］. 辽宁畜牧兽医（03）：53－54.

沙尔夫，王军，达来，1990. 草原红牛导入丹麦红牛血液的效果［J］. 内蒙古畜牧科学（02）：5－7.

申瑞雪，郭将，马倩，等，2012. 草原红牛 κ-酪蛋白基因的多态性及与泌乳性状关联性分析［J］. 东北农业大学学报，43（06）：55－59.

苏秀侠，2004. 不同蛋白源对肉牛增重和产肉性能影响的研究［C］. 中国畜牧兽医学会动物营养学分会. 中国畜牧兽医学会动物营养学分会——第九届学术研讨会论文集. 中国畜牧兽医学会动物营养学分会：中国畜牧兽医学会动物营养分会：231.

孙殿和，1987. 草原红牛泰勒氏焦虫病的诊断和防治［J］. 农业科技通讯（12）：19－20.

孙喆，秦贵信，2012. 安格斯改良草原红牛效果的研究［J］. 吉林农业科学，37（01）：54－56.

王福兆，1993. 我国牛种资源及其利用［J］. 黄牛杂志（03）：65－67.

吴长庆，于洪春，张国良，2000. 中国草原红牛品种资源现状及展望［J］. 黄牛杂志，（06）：44－46.

吴承杰，于洪春，李玉福，1992. 半牧半舍对草原红牛生产性能的气象效应［J］. 中国农业气象（06）：26－30.

吴健，2008. 吉林省中国草原红牛培育及选育提高进程［C］. 吉林省科学技术协会. 科技创新与节能减排——吉林省第五届科学技术学术年会论文集（下册）. 吉林省科学技术协会：吉林省科学技术协会学会学术部：102－104.

吴健，秦立红，于永生，等，2018. 红色安格斯与草原红牛的杂交效果报告［J］. 吉林农业（23）：65－66.

吴健，张国梁，刘基伟，等，2008. 吉林省中国草原红牛培育及选育提高进程［J］. 中国畜牧兽医（11）：152－155.

吴健，张国梁，于洪春，等，2016. 中国草原红牛（吉林系）导入红安格斯牛基因后发育性能研究［J］. 科技创新导报，13（34）：210－211.

吴琼，王思珍，张适，等，2020. 基于 16S rRNA 高通量测序技术分析草原红牛瘤胃微生物多样性和功能预测的研究［J］. 畜牧与兽医，52（01）：62－67.

香艳，2014. 莫能菌素和吐温 80 对生长期草原红牛营养代谢的影响［D］. 长春：吉林农业大学.

香艳，杨华明，张国梁，等，2013. 莫能菌素和吐温 80 对生长期草原红牛瘤胃发酵特性及甲烷排放的影响［J］. 动物营养学报，25（11）：2675－2681.

肖成，曹阳，金海国，赵玉民，2018. 草原红牛剩余采食量相关的 GSTM1 和 SOD3 基因多态性分析［J］. 黑龙江畜牧兽医（17）：82－85.

徐安凯，杨丰福，2004. 肉乳兼用牛良种——中国草原红牛［J］. 农村百事通（21）：41.

许文竞，2007. 不同遗传基础草原红牛消化代谢差异性研究［D］. 长春：吉林农业大学.

杨春，刘振，李春义，2014. 草原红牛胰岛素样生长因子结合蛋白 6 基因外显子 2 的遗传多态性及遗传效应分析［J］. 中国畜牧兽医，41（11）：227－231.

杨华明，班志彬，梁浩，等，2014. 纤维素酶与活性干酵母对草原红牛能量代谢的影响［J］. 中国畜牧兽医，41（01）：96－101.

于洪春，1997. 草原红牛产肉性能的观察［J］. 中国畜牧杂志（06）：30－31.

于洪春，1998. 草原红牛导血后产肉性能分析［J］. 黄牛杂志（03）：28－30.

于秀芳，张国良，王大广，2006. 不同方法处理的玉米秸秆青贮饲料品质评定［J］. 吉林农业科学（01）：63－65.

张国梁，2009. 利用基因芯片技术构建中国草原红牛公牛与阉牛差异基因表达谱［D］. 长春：吉林大学.

张国梁，胡成华，苏秀侠，等，2004. 不同日粮对草原红牛肥育效果的研究［J］. 吉林农业科学（04）：43－47.

张国梁，李旭，吴健，等，2013. 关于中国草原红牛发展的思考［J］. 吉林畜牧兽医，34（11）：12－13.

张国梁，刘基伟，胡成华，等，2009. 草原红牛与安格斯杂种牛（F _ 1）肉用性能比较［J］. 吉林农业大学学报，31（03）：316－318.

张杰，李爽，王亭，等，2014. 草原红牛原料乳品质分析［J］. 中国乳品工业，42（10）：15－20.

张荣福，田志，1980. 短角牛和蒙古牛杂交的效果观察［J］. 吉林畜牧兽医（02）：14－15.

张永宏，潘英树，高妍，等，2008. 草原红牛转铁蛋白和后转铁蛋白多态性及其与生产性能相关性研究［J］. Agricultural Science & Technology，9（05）：109－112.

张玉，布和，张立岭，等，1993. 草原红牛若干数量性状遗传参数的预测［J］. 内蒙古农牧学院学报（03）：68－72.

赵玉民，2007. 草原红牛及其改良群体遗传与营养互作研究［D］. 长春：吉林农业大学.

赵玉民，胡成华，张国梁，等，2007. 日粮蛋白质源构成对草原红牛育肥效果的影响［J］. 中国畜牧兽医（06）：25－27.

赵玉民，邢力，张国良，等，2007. 草原红牛血液酶活性与生产性能相关及回归分析［J］. 黑龙江畜牧兽医（12）：36－38.

赵玉民，杨国忠，张嘉保，等，2005. 草原红牛及其杂种牛微卫星标记与生产性能关系的研究［J］. 吉林农业科学（01）：40－45.

郑淑琴，1984. 草原红牛十二项生理指标测定的调查［J］. 吉林畜牧兽医（06）：18－23.

B. R. Thompson，D. R. Stevens，A. C. Bywater，et al，2015. Impacts of animal genetic gain on the profitability of three different grassland farming systems producing red meat [J]. Agricultural Systems，141.

Dawson L E R，O'Kiely P，Moloney A P，et al，2011. Grassland systems of red meat production：integration between biodiversity，plant nutrient utilisation，greenhouse gas emissions and meat nutritional quality [J]. Animal：an international journal of animal bioscience，5 (9).

Havard Steinshamn，Erling Thuen，2008. White or red clover－grass silage in organic dairy milk production：Grassland productivity and milk production responses with different levels of concentrate [J]. Livestock Science，119 (1).

Lv Yang，Cao Yang，Gao Yi，et al，2019. Effect of ACSL3 expression levels on preadipocyte differentiation in Chinese red steppe cattle [J]. DNA and cell biology，38 (9).

Nikishev N V，1974. Sexual cycle in cows of the red steppe stock [J]. Veterinariia，3.

图书在版编目（CIP）数据

中国草原红牛 / 赵玉民，张国梁，吴健主编. —北京：中国农业出版社，2020.1
（中国特色畜禽遗传资源保护与利用丛书）
国家出版基金项目
ISBN 978-7-109-26641-4

Ⅰ.①中… Ⅱ.①赵… ②张… ③吴… Ⅲ.①牛—饲养管理 Ⅳ.①S823

中国版本图书馆 CIP 数据核字（2020）第 038031 号

内容提要：中国草原红牛是受农牧渔业部（现农业农村部）委派，由吉林省牵头，联合辽宁、河北以及内蒙古有关单位，选育而成的我国第一个乳肉兼用牛品种。本书以翔实的历史资料、科学的试验数据为基础，阐述了中国草原红牛的培育历程、品种特征、生产性能以及饲养管理技术和产业化开发等环节。期望为广大读者重现品种培育的艰辛历程，展现当前产业的发展，为肉牛品种选育提供借鉴。

中国农业出版社出版
地址：北京市朝阳区麦子店街 18 号楼
邮编：100125
责任编辑：张艳晶
版式设计：杨 婧 责任校对：沙凯霖
印刷：北京通州皇家印刷厂
版次：2020 年 1 月第 1 版
印次：2020 年 1 月北京第 1 次印刷
发行：新华书店北京发行所
开本：720mm×960mm 1/16
印张：14.5
字数：246 千字
定价：98.00 元